不只怦然心動，
更要歷久彌新，
生活裡的風格選集

戀物絮語

許育華

盛情推薦——

「品味」這個語詞，如果要找一位對象代表，我心目中的最佳人選便是育華。她從不需名牌烘托，簡單、好品味的穿著及眼光，她自身便足以定義魅力。

——李惠貞（「獨角獸計畫」發起人）

她經歷過時尚雜誌產業的繁華，她參與了台灣設計書寫浪潮，她在歐陸旅行生活的時數讓人羨慕，終於等到她的第一本書！

——黃威融（跨界編輯人）

喜歡讀育華寫每個物品，在這個快速和浪費的時代裡，她的珍惜、她的細細品味，讓那些日常小物、時代老物都被厚愛著，讀起來格外有滋有味；不僅如此，她對鄰居、好友的形容，精闢入理，從外型跟使用的物件，深深看入一個人的個性。如此溫柔地看世界，每幅景色都美麗了起來。

——楊茵絜（《ELLE》雜誌總編輯）

育華旅居柏林多年，從自己的生活旅行和為雜誌採訪寫稿的體驗中，順手拈來，談衣服帽子，談牙膏肥皂，談拖鞋海報，椅子和摩卡壺……談那些歷來生活裡被常人忽略的小物小件，與它們相遇的故事，感情的連結，最終成為生命的記憶。但是她不是耽美的戀物者，她更廣闊地談當下的環保概念，道德消費，設計精神，以一篇篇獨到的生活美學，抽離名牌與價格亮麗光鮮的外表迷思，引讀者走入一個私密溫馨的感情世界。讀來的感覺其實更貼近作者喜愛的一本作品：彼得·梅爾的《關於品味》。這其實更是一本關於生活與品味的書。

——謝忠道（巴黎玩家）

自序

身為一個愛物的寫作者

我是忠實生活書讀者，日本的、香港的、歐美的……上個世紀出版的彼得．梅爾《關於品味》（是二十年前美國版《GQ》的專欄集結）、松山猛的《華滋華斯的庭園》（松山猛跟我父親年紀一樣，是《BRUTUS》早期的編輯），到後來黎堅慧的《時裝時刻》，光野桃的《打扮的基礎》……在還不太懂得美妙花花世界的青春年少時期，他們信手拈來般文字中，有著輕鬆美好的生活畫面，某種程度我深受薰陶至今。

有趣的是，這些作者也都曾是雜誌編輯，我身為一個幾乎所有職場經驗都是雜誌編輯的讀者，想來也是浪漫巧合。

我非常喜歡Editor's Choice這個概念，只要是心儀信賴的雜誌編輯推薦，必定認真拜讀奉為頭條；並非盲目的愛，要知道，能成為一位傑出的編輯，無論哪個領域，除了專業，更重要是對世界的見識眼界，時間經驗淬鍊，加上個人魅力，融合而成的渾然天成；他們的成熟主張、策展般的精選，我沒有道理不參考。

例如，《Monocle》總編輯Tyler Brûlé，他的雜誌以及關於他的報導我從不錯過，多年前《紐約時報》上一篇採訪，Brûlé提到他的最愛：城市是東京、雪梨、哥本哈根，旅館是東京Park Hyatt、慕尼黑Cortiina，男裝Barena、Boglioli，還有全日空、勞力士手錶、Oliver Goldsmith眼鏡……這份清單我不會、也無法照單全收，但在一個個名字中，我看到一種生活品味與觀點，靈感與道理。

不少朋友收過我的Editor's Choice，多數關於城市與旅行，台北、柏林、

SERGE
GAINSBOURG
histoire de melody
nelson
PHILIPS

巴黎的，在準備清單時，我反覆推敲量身訂製，以確保朋友看得、玩得夠深又有意思，我常玩笑說，若能有另一份工作，我想可以是大飯店裡的concierge或選物店buyer。

二〇一八、二〇一九兩年，我在《Shopping Design》專欄中以Editor's Choice概念談物件，環繞設計、閱讀與藝術，寫心愛的東西與品牌，趣味的人事物，旅行與生活；在社交網路上並不活躍的我，意外以此專欄找到同好，我曾經以為的獨樂樂，其實是知音在各方，知道有人跟我一樣愛白T恤白襯衫，不懂法文卻迷戀Serge Gainsbourg，真像是Jesse在火車上邂逅Celine般驚喜。

用物有道

這本書，或者說這樣的書寫醞釀了好長一段時間，我對生活的看法與品味也經歷了不同階段，漸漸定型成現在的我，水到渠成。

在快速得讓人招架不著的數位時代，又是經濟至上資本世界，生活中所有環節緊密連結著消費，今日主流媒體與意見領袖的強大影響力，讓我們在做很多的選擇時——購物、餐廳、決定一家飯店……都被點擊率最高，廣告篇幅最多的那一個給暗示了；同時，我也意識到自己往那些更基本、更小眾、更不起眼、安靜不喧嘩的世界前進，我因為真心喜愛一個物件、一件事情，因為之間所產生的情感溫度，而做決定；一個個小小物件帶來的生活上的滋潤，充滿感情。

這本書裡的物件與故事，可能人們眼裡是風流雅趣，也可能是閑而無用的品味，但肯定是我人生的軌跡，一位愛物的、編輯者的「物語」。記得香港作家蔡瀾曾說，他不覺得一個不享受美食的人能寫出好的小說，我希望藉由這本書讓你們感受到，一個對生活事物熱情，戀物、好好用物之人，應該也是一個好的 storyteller。

寫著此序的此時，我已經連續奮力工作好幾週，身體疲累，環顧我不整齊的房間，我被喜歡的物件包圍著而精神愉快：空氣裡有剛點上的Astier de Villatte烏蘭巴托線香氣味，桌上堆疊的每本書與雜誌都是百看不厭：Tony Frank拍的Jane Birkin、《Monocle》、幾本旅遊書如《Lost In》，詹宏志先生的《旅行與讀書》，和愛不釋手的《A Year in Portugal》，牆上有一張巴黎左岸風景的黑白攝影。

《戀物絮語》的出版要感謝太多人，若我是奧斯卡獎得主感謝名單會長到唸不完而被趕下台，容未來我當面道謝。三島由紀夫曾說，勤勉是一種美德，我是個美德不夠高的作者，不夠努力，也沒用力逼自己，一個decade做為獨立工作者，要不是每個編輯好朋友們，推著我，拉著我，讓我有動力與目標繼續寫，不會有如此累積；最重要的，是潮浪文化總編輯楊雅惠，與她的相遇，是二〇二〇年的奇蹟。

目錄

輯二　愛戀物件——關於那些美好時光及經典設計

Part One　緩慢的日常

Part Two
氣味敏感者

Part Three
設計與生活

Part
Four

身體的美感

輯一

戀物宣言

關於消費意識及生活方式

當瀟灑多聞的玩家，而不只是買家

作家彼得．梅爾（Peter Mayle）大名鼎鼎的作品《山居歲月》（*A Year in Provence*），為少女時期的我勾勒了一幅美好歐洲鄉村生活畫面。如同世界各地的讀者一樣，自此之後我對普羅旺斯有了期待，作家在鄉下農莊裡完成一本又一本書這樣的浪漫場景，是我心中地位崇高的夢想；而他的另一本大作《關於品味》（*Acquired Tastes*），談的是梅爾自己——一個前紐約廣告人，在曼哈頓裡見識享受過的好東西，魚子醬、黑松露、訂製皮鞋、喀什米爾毛衣……那些富豪們生活裡的細節，吃穿飲食皆昂貴有理；中文版二〇〇六年出版時，對當時自以為已經是大人的我而言，就像是一份武功祕笈，讓我看見歐美講究人士之生活細節，對品味的理解提升更高一層次。

在我們一面以東洋流行品味為指標的環境下，《關於品味》裡幽默又鉅細靡遺的描述，某種程度來說，在我心裡種下了種子，覺得自己要不成為書裡的品味人士，要不就跟彼得．梅爾一樣，很會寫品味。

品味、品牌與風格

在二〇一二年正式來到柏林之前，我是時尚雜誌的資深編輯，十多年的工作間，環繞著名人、設計師、時裝美容、美食與美酒。電影《穿著Prada的惡魔》（*The Devil Wears Prada*）說的是美國同業的生活，台灣因為設計時尚產業規模小得多，時裝雜誌的影響力自然無法與美國相比，電影劇情也帶有好萊塢式的誇張，但好些片段還是讓我感到心有戚戚焉。據說好幾位同事在電影院裡看得狠狠地哭了起來（雖然這算是部喜劇片），對電影裡的辛酸嘲諷強烈共鳴。

要符合名片上的頭銜，時尚雜誌編輯們的行頭也不能太過寒酸，時尚圈可是最以貌取人的產業啊——所有的人都知道，《穿著Prada的惡魔》裡的菜鳥助理起初就是受盡嘲笑的；於是，同事們身上穿的用的，除了一些來自廠商的公關禮物，自己添購的奢侈品也會占掉薪水的好大一部分。

記得有一次，巴黎總部的編輯顧問到台北跟大家開會，五十多歲的法國資深編輯老大走進我們的辦公室，一路穿越大家堆滿資料混亂的辦公桌，見到桌上椅子上都擺著名牌包包，他忍不住問：「台灣編輯的薪水都很高嗎？」當然不是，是大家把半個月的薪水都拿去買一個包了！因為編輯得時尚、有品味啊！

工作與生活融合，我們報導著這些漂亮、昂貴的人、事、物，被邀請參加高級午餐與商務旅行，幾個大節日會收到精心包裝著的禮物……工作不輕鬆，截稿壓力很大，但這些平時我們負擔不起、所謂的「工作附加價值」的

確也安撫了不少緊張情緒，有時甚至是超越小確幸的大享受。當然，我明白這一切都是來自於我們的職位與專業，但有時也會彷若半夢半醒，分不清我究竟是過著自己的生活，還是採訪對象們那樣的生活？

有一位誠實到不行的外國同業朋友曾對我告白：「雖然我也有其他工作機會來敲門，但為了出差能住五星級飯店，搭商務艙，我會繼續做這份工作。」

比經濟艙多上三、四倍價格的商務艙，一晚幾萬元的高級旅館，都是編輯有限薪水難以負擔的奢華，我想起彼得．梅爾的《關於品味》。有一群人，體驗著《關於品味》中的事物，雖然花的大多不是自己荷包的錢；另一群人，追逐最新流行與奢侈品，用力、有意識地追求享樂——這些人所追逐的是品味還是品牌？而兩者與格調之間的關係又是什麼？

柏林給我的思考

正式住在歐洲已經是三十好幾的年紀了，特別是定居柏林之後，讓成熟許多的我對於「品味」有了新定義。歐洲朋友們的生活態度與價值觀，帶給我過去未曾有過的思維，給了我一堂真實的人生課。

而且，我被說服了。

柏林，是歐洲最富裕的國家首都，但一點也不光鮮亮麗。沒有人提名牌包包，百貨公司只有幾家，沒有人購物會看品牌或依循名人推薦。柏林最出名的，就是不消費主義、不跟隨潮流、做自己！

拿我過去雜誌訓練有素的品味標準來看，這裡簡直是時尚沙漠，但柏林人才不管這些呢，他們只要自己喜歡、感覺舒服的東西，認為「接受他人品味」這種事，既奇怪也沒有品味。

身邊有風格又有型的朋友們，喜歡 mix & match 混搭，穿二手衣是再平

常不過的事，一點也無須害羞，甚至讓人覺得更酷。

我的德國朋友們

巴黎女孩Leonor，高挑漂亮，她說自己絕對不買快時尚的產品，太不環保了，她寧願付出多一兩倍的費用，買可以用比較久的單品。Leonor幾乎天天套著她的二手風衣，背著棉布購物袋，身上沒有任何logo，樸素卻光彩，我覺得她美翻了。

德國媽媽Andera在巴黎讀時尚學校，回柏林後開了間復古家具店，平時身上穿的都是自己修改加工後的二手衣，我常讚美：「Andera妳今天穿的毛衣好好看啊！」她也總得意地回答：「這是我先生不穿的舊衣服呢，我在這邊車上一道，型就出來了，也合身了。」

Michela是經濟寬裕的國際大公司主管，是朋友間最優雅講究，捨得下手昂貴服裝的一位。我對她說：「妳品味這麼好，衣櫥裡的東西又很厲害，我應該採訪妳才對。或者，妳該開個blog分享自己的品味。」只見她驚慌失措地說：「千萬不要，購物是很私人的事，我才不要讓別人知道。」

不只是穿著、用物，還有很多朋友們過著我眼裡精彩無比的日子，如果把他們聰明的腦袋、設計感的住家、遠到千山萬水的酷旅行、吃到的名廚餐廳、往來的朋友們……放到網路上，都會是一個一個讓人羨慕的夢想。但他們從來沒有這樣；他們根本沒想過經營、展現，或許，不刻意打造（英文說the effortless style）的品味才是渾然天成的好品味吧，在他們身上，我看到展現自己的另一種方式，我很被打動。

重點在於生活方式

歐洲的夏日很美，白天很長，天黑後涼爽清朗，柏林的公園裡總是擁擠。這幾年，我看著柏林人們在陽光熾熱時，盡情地曬太陽，跳進湖裡游泳，下午時在樹蔭下閱讀或野餐，夜晚時分就在公園裡拉起一張毯子，與朋友們伴著一瓶葡萄酒，仰望星空，聊天到深夜……我知道他們是真心享受著自然與季節的。這時候也是大打折的月份，我絕不誇張，柏林人不被折扣誘惑，不加入搶購行列，百貨公司裡的半價商品，比不上美好的天氣與一次盡情的相聚談話。

彼得．梅爾在書中最後說，「如果不偶爾享受一下，人生還有什麼意義？」過去的我，應該會把這句話翻譯成：「下手吧！給自己買個手袋，經典的那款不能少」或者，「去住一晚豪華飯店，外加一場spa寵愛自己。」但現在，我感覺陶陶然的時刻，都不是這些用高價換得、形式上的幸福了。

時尚雜誌忙碌漂亮的工作場景已經離我有些遠了啊，但我會肯定地說，現在的自己處在人生品味的最高峰，不只是因為經歷更多，而是我已經有著那樣不在乎他人眼光，自信而滿足的生活狀態。

對於好東西，我熱愛研究背後的學問，貴得有理的來龍去脈，當瀟灑多聞的「玩家」而不只是買家；我相信，品味不在於你如何消費，重要的是你的生活方式。

這是我成年後學到的一堂課。

二手市集獵物之一——
美好的旅行與回憶，蚤市萬歲

柏林的鄰居 Winnie 是個來自紐約的黑人大女生，在慢熱嚴謹的德國人之間，她顯得特別熱情風趣。週日早上出門去跳蚤市場時，經常在公寓樓下巧遇她，她總笑說：「妳又要上『教堂』了啊！」有時從市集回來遇見，她則一臉好奇問：「今天『hunt』到什麼好東西？」

是的，跳蚤市場、古董市集、二手市集，已經是我生活裡的一部分，不只是尋寶——treasure hunt，更像是我的興趣、樂趣和美學，也有點像是

Winnie形容的，是信仰。

二手市場彷彿潘朵拉的盒子

我的跳蚤市場歷史，約莫始於二〇〇三年。當時還不懂得欣賞老東西的韻味風采，只是第一次在倫敦的 Portobello Road Market 裡，進入了一個過去從未經歷的世界，大開眼界：Burberry老風衣，Wedgwood 的 Jasper 紀念盤，考究的鱷魚皮手袋，各式各樣英式搖滾樂黑膠……我在一個塞得滿是老珠寶配件的攤子上目眩神迷失了心，帶回八、九條年代不一，由棉線串起的賽璐珞珠珠再加上精緻扣頭、漂亮極了的項鍊，獨一無二；我連續好幾年每天戴著，贏得許多稱讚與話題。到現在，這仍是蚤市的鮮明好回憶。

一試上癮，像是打開潘朵拉盒子，對二手市場與老東西的好奇越發熱烈，每到一個地方必定要看看當地市集，挖挖寶，瞧瞧當地的舊貨長怎樣。

在歐洲，即便不大的城鎮如德國萊比錫、法國亞爾、葡萄牙波多，也都有精彩的二手市集，反映著城市歷史與當地人的生活品味，趣味盎然。我想，人類可能天生就有收藏癖吧（其實動物也是），否則怎麼會有這麼多人樂於在破爛堆裡耐著性子挑挑選選，翻來翻去，又願意付出高價買下別人不願意再留下的東西？

巴黎的二手市集很值得一說，特別是北邊的 Clignancourt 市場；它評價兩極，多數人會皺著眉頭說「唉那邊好亂要小心」，但在老物行家口袋名單上，Clignancourt 可是聚集著夢幻名店，臥虎藏龍。這個跳蚤市場極大，分做好幾個區塊，要神經繃緊穿越過那個人聲混雜假貨充斥的主要市場，才會來到真正的古董集散地；在這裡，你會見識到一流古董市場該有的水準，無論是珠寶、家具、藝術品、小東西，各個領域最高品質的收藏都在此流通。這裡挑戰的不只是荷包，更是眼光與鑑賞力。

一次，一個買物成精的朋友領著我，熟門熟路來到一處專賣古董行李箱 Trunk 的小店裡，我喊得出名或喊不出名的如 Louis Vuitton、Goyard、Moynat 的老箱子，沉甸甸、帶著時光的痕跡又發亮地堆在眼前，店主人驕傲地說：「這些牌子都向我買老箱子，帶回店裡當收藏陳列呢。」夢幻逸品平時罕見，偶爾在精品店裡見著做為擺飾，有時候是雜誌裡名人居家用箱子當家具的場景，一口氣見著這麼多，早已心滿意足，也不用多費心一個一個詢問那價格皆由一萬歐元起跳的神祕數字。

從倫敦到巴黎和柏林

柏林，一個有著二手文化及數十個跳蚤市場的城市，居住八年，不只自家大半家具都是老東西，在商店不營業的週日，上跳蚤市場是全民運動般的平常，我也從不厭倦地加入。相較歐洲其他城市，柏林跳蚤市場展現著環保再生精神。非專業賣家們擺攤不為賺錢，更像是為了要將舊東西的生命延續

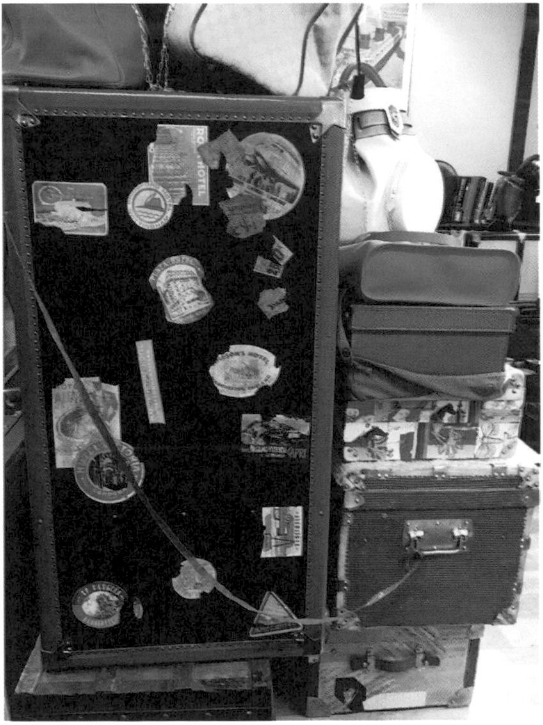

下去；專業賣家則帶來六〇年代柚木櫃，有點舊但經典的包浩斯椅子，還有別處都沒有的東德時期設計。

比起巴黎倫敦，柏林市集售價可親；只不過，這幾年從世界各地到柏林買貨的人越來越多，而好東西越來越少，尋寶這件事，也得靠點運氣了。

難以抗拒大江戶古董市

二〇一九年的第一個、以及最後一個蚤市巡禮，我正巧都獻給了東京有樂町的大江戶古董市集。嚮往「大江戶古董市」已久，許多熱愛古道具、日式老雜貨的朋友們都如返鄉般定期前往補貨。

那是一個週日，七、八度的冷天，空氣裡瀰漫著剛過完年的熱鬧，好像是東京的繁忙節奏在年假過後要再運轉起來的熱絡。

習慣了歐洲市集，東京極井然有序的攤子與物件，一如日本的清潔感，加上形形色色的東洋古董，都讓我燃起多年前的怦然心動與亢奮；兩百多個攤位，有大量和式老家具、民藝品，主題式的興趣收集如玩具、相機、首飾、北歐食器……東京果然是個富裕的都市啊，二手物的質感，賣家的品味，甚至是逛市場的人們都得體合宜，講究端正。

我流連在和服浴衣的專門攤位前，織布上的印花在我眼裡美麗新奇，而那些標示著昭和、大正、明治時期的瓷器碗盤，江戶時代古董櫃子，更是讓人難以抗拒。

我居然還巧遇了在巴黎認識的、古董店「一月と七月」的主人，日文雜誌《FIGARO JAPON》編輯，還有以和服布料做領帶的義大利設計師；顯然大江戶古董市也是設計圈中人找靈感的去處。

打包行李的那個回程早上，我將所有戰利品攤開再重新包裝，才發現，在古董市上東一個西一個買回的和式碟子杯子，相襯起來居然是一幅美麗風景。它們只是老一點的日用品，非古董，也平價得不可思議，卻散發著典雅氣質。一只用一千口幣買到的小茶杯，女主人交到我手上時，見我不說日文，用紙筆寫下「明治時代，一一〇年」，她真誠的態度，讓我明白到這些人惜物愛物的心意，完全與價格無關。

後來，我用了這幾只「燒」，盛著文明堂蜂蜜蛋糕與虎屋小倉羊羹，回家繼續延續著東京之旅。

真是蚤市萬歲啊！

RI

二手市集獵物之二——
在柏林跳蚤市集，實踐環保生活

上一篇提了跳蚤市場，我覺得柏林的跳蚤市場值得特別好好說說。

Flohmarkt，德文二手市集、跳蚤市場之意，是柏林生活重要的一部分。據說柏林大大小小的跳蚤市場就有三十多個。在柏林觀光局網頁上，蚤市可是跟博物館一樣、是獨立分類的重點。在商店都關門的週日，市集成了市民閒晃的場所，不一定為買物，多是一個消磨午後時光，朋友們相聚一起的好藉口；夏天時，市集旁總有抱著吉他唱歌的年輕人和孩子們在草地上玩樂的愜意畫面。

從身為柏林的觀光客到成為住民的這段時間，轉眼好多年了，我還是熱情不減地行走跳蚤市場間，也建立一套買物心得與心頭好的市集清單，其中三、四個更是我的週末娛樂重點。跳蚤市場走逛經驗多了，不只是戰利品日漸豐厚堆積（公寓裡有大半家具家飾是從蚤市挖寶來的），更從市集裡人們的互動與交易，體會到一個城市的品味與生活態度。在跳蚤市場裡學到的，可不是怎麼講價或辨識好東西而已。

二手市集的永續精神

走進柏林最大的跳蚤市場Mauerpark Flohmarkt，有一半是以販賣二手貨為生的專業賣家，另外一半則是將私人二手物拿出來的業餘人士（最近風格有點變化，加入很多「創意市集」類小物）；在這個有百來個攤位的市集裡，找得到我們喜歡的普普風格家具、老沙發、老唱機、復古服飾……花一兩個小時慢慢逛，除了是期待驚喜的尋寶樂趣，好像也見識了一些柏林老歷史——從一個個物件中，拼貼出從前的生活樣貌，感受舊時的美學與藝術。喜歡此味的旅人們，在柏林跳蚤市場裡彷彿進入寶山，然後面臨不願空手而回卻又無法把桌子櫃子都扛上飛機的兩難。

起初，用一個觀光客的眼睛看來，私人賣家的「商品」真是不可思議：嬰兒衣服、用了一半的香水、鍋碗刀叉、腳踏車的輪子、電線工具、花盆種子……漸漸習慣之後，我有了不同的眼光看待這個現象。

的確，螺絲起子新的與舊的並無差別，寶寶長得很快，穿舊衣也不見得不好……這些將自己舊東西拿來跳蚤市場販售的人們，目的不是為了賺錢，更多是一種不浪費的態度，並非將用不到的東西丟進垃圾桶裡，而是一種讓物件循環再找到新主人、延續下去的分享精神。用這幾年的當紅關鍵字說，就是sustainability——永續！

曾有個朋友對跳蚤市場嗤之以鼻，認為是窮人的專利，我聽了大為吃驚，心想，這念頭太狹隘甚至落伍。

身邊的歐洲朋友們，設計雜誌編輯、藝術家、廚師、科學家、服裝設計師……都完全不介意從跳蚤市場購物，他們的穿著打扮，布置居家，混合著新與舊，高級與二手，好看得都能上時尚雜誌或居家雜誌，更別提台灣在二〇〇五年左右開始掀起的復古家具風潮，現在從北到南，那些我們喜歡的咖啡館與書店，朋友的家，風格選物店，裡頭一定有幾樣二手老東西，像是當代顯學。

讓人欣賞且尊敬的生活價值

我曾經與朋友整理出舊東西，租了個攤位，從逛街者成為蚤市小老闆，是很有意思的經驗。

我用一歐兩歐、三歐五歐的小錢，為自己穿不著的衣服找到下一個主人，再用這幾歐元，去其他攤位買到二手小說、老唱片和可愛的七〇年代咖啡杯；接近收攤的尾聲，很多人會將賣不出去的東西直接送人，大喊「免費免費，請帶回家」。

記得有次是一年間最熱的一天，氣溫飆高至四十度，大家待在棚子下，扇子沒停過，很好玩但也熱壞了，因為太熱，逛市場的人比平常少，大家只得大拍賣，隔壁攤子的巴黎帥哥早上用一歐元賣給我費茲傑羅的小說，下午收攤前說「妳喜歡什麼東西都可以送給妳」。

至於我，最開心的是在結束前把一件過去很喜歡的襯衫，用三歐賣給一個女孩，她穿起來超好看。

比起做生意，這種二手精神其實更在乎的是分享，也是我欣賞又尊敬的生活價值。

註 在此也分享一下我的柏林跳蚤市場最愛：Akonaplatz，最常去，逛完還能去附近出名的Bonanza喝杯咖啡。Mauerpark，近年來不容易買到好東西，但好天氣時去看看人、曬曬太陽挺有意思。Boxhagenerplatz，維持著過去柏林跳蚤市場的氣氛，價格很不錯。Marheinekeplatz，社區型市集，好朋友Saena住附近，結束後我們會在附近豐富的餐廳咖啡館間選一家飽餐一頓。Straße des 17. Juni，能找到漂亮的水晶燈與瓷器。

我知道的那些有錢人們

那天，我跟住在佛羅倫斯的皮件職人彥祥與智子夫婦晚餐。兩個台灣人，一個日本人，各自生活在德國與義大利，餐桌上談得最多的，是關於歐洲亞洲的文化差異。

居住義大利十年、台灣一年的智子說：「義大利人十分講究服裝，尤其是米蘭、佛羅倫斯的男男女女，人人穿著都好看得不得了，但妳有沒有注意到，義大利人不太在乎車子，多數人開的都是小車，上頭沾滿灰塵，還有坑坑疤疤撞傷的痕跡，看起來灰灰舊舊的，跟他們穿在身上的衣服質感對比很強烈；但台灣人就不一樣了，很多人開名牌進口車，經常保養清洗，車子光鮮亮麗，一道刮痕也會讓主人很心疼，卻對穿著不太關心，常看見邋遢的大叔走下豪華汽車這樣的畫面。」

她問我：「那德國人對車子的態度呢？」

智子描述的現象實在很傳神，果然，由外人的眼光看回自己熟悉的環境總有新發現。台灣人對車子向來很捨得花錢，用車子展現身分。說到文化差異，差最多的，無論亞洲歐洲，或者是不同國家之間，都是價值觀。

至於德國，這個國家以出產高級汽車聞名，但德國人倒不見得看重品牌，也不將車子當做引領風騷的工具，他們更在乎的是車子的安全性，一如他們的實際性格。

住在首都柏林，我認識的所有人，無論職業或收入，皆不開車，都是日日使用大眾交通工具的。夏天的時候，他們騎著三十分鐘的腳踏車，去大學裡教書、去會計師事務所、去政府機構上班，或者到自己的創業辦公室。

至於穿著，嗯，德國人算是歐洲富裕國家裡，最不懂穿著品味的一群。

價值觀大不同

或許是受到基督教、新教的簡樸思維影響，以及長久以來哲學思想的薰陶，德國、甚至許多歐洲國家，都對炫耀財富這件事情深感不屑。例如法國前總統薩科奇（Nicolas Sarkozy）過去就經常因為被媒體拍到戴著昂貴的勞力士手錶與珠寶，被信仰低調優雅的法國人揶揄為品味差的「金光閃閃的總統」。

德國媒體不談論有錢人的生活方式，像台灣報導社交名媛珠寶包包戰利品的報導版面，根本不可能出現（若是有，大概也沒有人願意站出來受訪而換得俗氣品味之名）；德國富豪過著低調生活，他們不只不會展現外界想像的富裕生活，多數人也不使用亞洲或美式的「富豪配件」：豪宅、名車、飛機去證明自己的財富。像是德國首富——連鎖超市集團ALDI的創辦人Albrecht兄弟，在過世前是全歐洲最有錢的人，但他們完全不出現在媒體

上，過著不張揚不起眼的生活，少有人認得出他們的臉。ALDI傳奇的創業史只是商業雜誌上的報導，老闆的私人日子過得則如大眾。在講求個人主義的歐洲，「不炫富」倒是顯得很集體思維。

不只富豪，就算生活大有餘裕的上層中產階級們，對待金錢、生活的方式，也與我成長的社會風氣不同。

Simon與Julia是朋友中經濟條件最好的前幾位，兩人都是法律博士，畢業後在柏林最好的律師事務所裡工作，處理商業與貿易法，兩人年紀與我差不多。在我眼裡，他們穿得不太時髦，比起一般人，只有手上的手錶、Julia用的幾個包包，還有家中的設計師椅子，是我認得出來「有牌子」的東西。他們喜歡旅行，經常去印度、東南亞這些不都市化的地區自助旅行，最近兩人還租了摩托車繞了北越一趟，感覺冒險又down to earth地像是我們大學時候的背包客。直到有一天Julia不小心說漏了嘴（是的，談論收入絕對是個禁忌），提到自己一小時薪水的金額，那可真是嚇了我一大跳，我心裡盤算了一下：「天啊，她一天的薪水扣掉德國約百分之四十的重稅，還遠高於我寫字的一個月月薪，天文數字啊。」

他們的財富大大超過我，但在生活態度與物質的使用、思想與氣質、做人處事，都跟我一樣，我從未感覺過任何一絲絲「他們是有錢人」的氣息。

四十五歲的Klaus是醫生，是圈裡出自好家庭、又有好工作、人又風趣的菁英，在台灣肯定會被貼上人生勝利組與有錢人的標籤，但Klaus就跟多數德國人一樣，住在租來的房子，不買房（德國的房屋自有率只有一半左右），但捨得用好家具好廚具布置空間。

過去十年，許多亞洲人、北歐人在柏林買房炒房，而這位完全能負擔得起好幾間公寓的正統柏林人卻沒擁有任何一間，我除了好奇，也有些替德國本地人忿忿不平。

問了他，他反倒理直氣壯地回答：「這是個自由經濟市場，外國人購買德國房屋本來就合法，而且，我很滿意現在住的地方，應該也會一直住下去，買房子這件事從來不在我的人生計畫裡……」

「你可以買了當做投資啊，柏林房價飛漲啊。」我還是疑問。

「但買房投資不是我的興趣與人生目標。」

「可是，柏林房價很值得投資。」

「可是，我沒想過要賺更多錢啊……」

啊，我的台灣思維果真太單向了……

朋友們有時會用「Nouveau Riche」——新富、新貴，形容在巴黎精品店裡瘋狂採購的觀光客，Nouveau Riche用法文發音聽起來優雅，不過卻是貶抑詞，意指為暴發戶，在歐洲傳統old money富人的傳統裡，「炫耀性消費」說明了這些有錢人缺乏世俗經驗與品味；這個詞也解釋了在歐洲長久的貴族與仕紳歷史下，無論有沒有錢，低調生活絕對比高調備受尊重。

對金錢過敏，對炫富反感

我當然也天真地做過白日夢，若是能任性使用金錢，最想做什麼呢？「有錢人」並非我所嚮往的身分，坐擁名宅、珠寶也不符合興趣，在經歷過各種生活及價值觀的洗禮後，我會說，能擁有一家博物館，是心中富裕生活的極致。

這是我最喜歡的私人美術館——Boros Sammlung帶來的啟發。Boros是柏林藝術圈與社交圈的傳奇，廣告公司老闆Boros夫婦是當代藝術愛好者與收藏家，八〇年代，方才二十多歲的他們，與年輕藝術家們玩在一起，好朋友之間經常交換、或用少少的價錢買賣藝術品。東西柏林合併後，他們買下一棟位在柏林市中心、大戰時期納粹軍的防空洞，把密不通風、堅固無窗的神祕碉堡做為藝術收藏的展示場，還在頂樓加蓋了一層摩登住宅空間，一家人就生活在那兒。

Boros Sammlung（意思為Boros的收藏）開幕十多年了，是Boros夫婦的家，也是他們的私人展覽館，對外開放預約參觀，是柏林重要的藝術場所；年輕時一起玩的好朋友如Wolfgang Tillmans、Olafur Eliasson、Damien Hirst現在也全都是大名鼎鼎的藝術巨星，Boros的收藏也成了昂貴無價的當代創作寶藏。

近年開幕的The Feuerle Collection，則是柏林另一間奇幻的私人博物館，也是由二戰時期的通訊碉堡改建而成；主人Feuerle先生熱愛亞洲文化，收藏了中國各朝代、東南亞的古董佛像雕塑，還有從漢朝至清代的藝術品，甚至對台灣茶文化也涉獵；我曾見過Feuerle先生，聽著這位歐洲富豪遨遊在亞洲古美術裡終成專家，帶著珍奇收藏回到歐洲開了博物館的經歷，實在覺得意義非凡也浪漫。

數一數，我生活的柏林至少有十三間私人美術館，這些收藏家公開收藏是基於熱情，倒不是真能從販售門票裡換得商機，或期待讓自己的藏品未來賣個更高價格。某種程度，這也解釋了法國、德國富裕人士們對待財富的態度。在這個文化裡，談論金錢過敏，對炫富反感，藝術品是紳士的雅興，Classy Lifestyle才是真正的富裕。

而且，以藝術品展現品味，從收藏者變成博物館主人，從擁有變成與大眾分享，最終帶動了文化交流。成為這樣的有錢人，比我們印象中單一狹隘的有錢人面貌，要有意思多了。

當個道德消費者

我仍記得第一次走進耳聞已久的美國平價時尚（fast fashion）品牌Forever 21時有多驚訝。

這個全球年輕女孩趨之若鶩的服裝店，當時在德國只有兩家，柏林分店位在熱鬧的購物大街Ku'damm上，坐擁四層樓店面，商品多得讓人眼花繚亂。逛了一下，先是明白自己的年紀早已不是他們的客群，接著，我注意到他們販賣的legging內搭褲，一條居然只要三歐元！我特別翻起裡頭的標籤看看，它是97%純棉材質，剪裁與樣子看起來也與我經常穿的、其他平價品牌的內搭褲沒什麼差別，但價錢卻只有四分之一，到底是怎麼辦到的？

我陷入長久的思考，扣除所有能想到的成本，這件售價約台幣一百二十元的產品，到底最後有多少費用，是落在生產的工廠與員工身上呢？

我不懂經濟，不會計算成本與利潤，數學很差，但對於世界工廠、廉價勞工、環保……這類議題經常關注。平價時尚在二〇〇〇年以後大為流行，漸為顯學，拉近了人們與時尚的距離，讓大家享受購物與打扮的樂趣，卻也拉大平價與高價商品之間的差距，以及人們對物件價值的判斷。

每次的消費都像一張選票

我當然也喜歡不用大傷荷包就能把自己裝扮得好看，衣櫃裡也有不少fast fashion品牌的衣服，然而，身為一個總是發問與思考的消費者，我的購物態度與心中的消費者自覺在這十多年間大幅改變與提升。如同西方越來越重視的「Ethical consumerism / shopping」——道德消費觀念：支持公平交易商品，支持非出自血汗工廠商品，支持有機農業、在地產業，支持回收材料再利用產品……

簡單說來，此類消費模式最重要的精神，便是可以直接支持生產者的經濟能力，減少中間剝削（例如向農夫本人買菜就比在超市裡消費更能直接回饋他們）。推動道德消費運動的人們，甚至形容購物的重要性與投票不相上下，你的每一次消費，就像是投下一張選票；更有智慧地花錢，就等於讓這個消費世界朝向更好的目標與狀態前進。

人們說，fast fashion就是來得快去得也快。去除情感因素，花最少錢買的那件衣服、家具、配件、生活用品，好像通常也最快被丟掉。我曾經親眼見一位日本朋友將他們的國民品牌當做旅行中的免洗內衣，穿過就丟了，「反正很便宜嘛，再買就有了」她說。的確，這是fast fashion的便利也是副作用，猜想我們或多或少都曾如此任性地對待消費過的物件，造成根本不必要的浪費。

真正的好東西

我沒那麼出世，也仍舊非常享受購物與使用好東西的過程，然而，現在的我在買東西之前——尤其是買衣服——會多想一些（或不立即做決定）；思考自己是否真心想要或只是被價錢所誘惑（尤其在打折季時），寧願省下幾筆小錢，認真買件會跟著自己很久的好物；願意支付多一些，支持小一點的品牌與提倡公平交易的企業——無論在服裝、飲食、生活道具上。

我想起曾經採訪過的知名廣告人許舜英，擁有很高時尚品味的她說現在已經幾乎不買衣了，她喜歡將過去的、舊的好東西重新修改，成為另一件品質很棒的新衣。幾位我認為非常會穿衣的朋友，他們說自己的購物哲學是非常少買衣，但一旦要下手，就會是真正的好東西，並總是穿著用著。

好朋友直子在修改服裝的工作室上班，她告訴我，在德國當裁縫讓她學

SOLDES
Dernière démarque

到不少事，也改變了她；來自東京的她畢業自服裝設計學校，過去總是打扮時髦又常常支付大筆治裝費。到了柏林，她發現人們不只修改衣服，修補各式各樣的衣物（包括內衣）是再平常不過的事，這讓她好cultural shock，但也讓她反省過去自己對待服裝的態度有多麼任性。

當然，道德消費不只如此，背後還有更多與社會結構、企業、製造商、生活型態、消費者習慣……緊密相連的前因後果。不過，「選票就在你的口袋裡」，當我更有意識地付出消費的每一筆金額時，這微小的責任感的確讓我真心覺得很快樂。

註 二〇一九年九月Forever 21宣布破產，關閉了大部分的門市，引起我如此感觸的那家店也不在了。

我不愛名牌包，我用購物袋

「It Bag」在Wikipedia上的解釋是這樣的：「It Bag is a colloquial term from the fashion industry used in the 1990s and 2000s to describe a brand or type of high-priced designer handbag by makers such as Hèrmes or Fendi that becomes a popular best-seller.」（「It Bag」這個詞從九〇年代末至千禧年期間，開始被時尚產業廣為使用，設計師與高價精品品牌如Hèrmes或Fendi常用來形容自家暢銷的手提袋。）

曾在時尚雜誌媒體工作超過十年的我，對於It Bag這個詞再熟悉不過，在我們每個月印刷精美、報導最新潮流的頁面裡，這些出自大品牌與知名設

計師之手，有著漂亮線條、發亮柔軟皮質、被女明星與模特兒提在手上的包包，總占有一席版面；時尚界的It Bag是精品品牌除了香水之外最賺錢的項目之一，也因此，It Bag成為一門顯學。大家注目的焦點從早期的經典款，到後來轉變成每一季就換一種造型與名字的新標的，時尚界人士（或自喻為時尚人士的群眾）絕不能不知道、或者也不會錯過每季最新款的It Bag；不過，同時It Bag的價格也隨之年年上揚，若我的時尚知識仍夠update的話，現在一只名牌It Bag都要價至少是台幣六、七萬以上了。

It Bag背後的意義很複雜，追逐It Bag的現象是時尚產業、資本主義、消費者心態與消費文化背後盤根錯節的結果，這太深層也太嚴肅，不是我說了就算、就能被解釋的。

曾經我也是關注It Bag的一員，也消費過幾個高貴手袋，那美麗設計與細緻皮質的確讓我迷戀，但不少人使用It Bag伴隨而來的「感覺良好」我倒是一點也沒享受到，而且It Bag最讓人困擾的，就是那真皮包包的重量，加上手袋裡的日常物件，提一只包出門簡直跟練習臂力沒什麼兩樣，一日出門之後經常是腰痠背痛。

自在輕鬆又隨性

我永遠記得，我成為棉布購物袋信徒的日子是二〇〇七年夏天，當時我正在歐洲進行一場兩個月的壯遊，在德國連鎖家飾店Butler裡看到一只寫著「讓我過，我是一個購物狂」的棉布袋，當下買了它，然後將原本側背包裡的水壺、旅遊書、相機以及其他有的沒的小東西都裝進袋子裡，肩上感覺輕盈多了，旅途路中常常拿東西收東西的動作也變得簡單了。

自此之後的每一日，無論在哪個城市、無論是上班、下班、旅行或休假，我養成背著順手、輕便、包容度大的棉布袋的習慣，從前的皮質包包被打入冷宮；也因為開始用棉布袋，我的眼光開始流連在每一個背著購物袋的人們身上。

這些人在台北幾乎見不著，但在北歐、法國、德國、英國，我看見一個又一個穿著好看的人們背著一只軟軟的、甚至髒髒的購物袋，他們是穿著棉布洋裝、腳踩芭蕾舞鞋的巴黎女孩，是頭戴紳士帽、T恤加緊身牛仔褲的倫敦青年，是戴著黑框眼鏡、穿著襯衫的柏林上班族……棉布包在他們的身上是好看的配件，不只是買東西時才用的環保包；沒有名牌手提袋的加持，這些人在我眼裡卻是有型得不得了，有種自在、輕鬆隨性、自信的樣子，那種氣質，是跟名牌It Bag使用者很不一樣的。

也因為天天背著購物袋，購物袋變成像是牛仔褲與白T恤般一樣基本日常的配備，我的眼睛也總是追尋著購物袋，只要喜歡就買（It Bag可無法喜歡就下手啊，太貴了）。

我對購物袋倒也不是照單全收，自有一套喜好標準：一定要棉質，polyester感覺太「購物袋」，只適合超市採買，不如棉布好搭服裝；A3尺寸

The Monocle
Guide to
Good Business
gestalten

最完美，帶子長度要可背在肩上但又不能過短過長，否則不方便拿取東西；質料厚實一點佳，不過歐洲許多店家的自製購物袋都是軟軟的薄棉布——但這樣也好，折一折可放進口袋或另一個包包裡，是可取代塑膠袋與紙袋的環保幫手。

有些朋友不太能理解我將棉布袋當做每日單品使用，「咦，妳為知名雜誌工作，應該來個流行的It Bag吧？」我媽更認為一個三十多歲的女孩背著購物袋就出門實在太邋遢，提著像樣的包包（或者是一個品牌的It Bag）才是端莊儀容。即便如此，即便大多數的他們都不欣賞便宜又沒分量的購物袋，但多年來我的購物袋人生未曾變心，我享受著它們帶來的輕便與隨性，天氣好的時候，把它們全部丟進洗衣機，再像曬T恤般地晾乾，它們是生活必需。

物件承載的意義更重要

後來，當我把柏林當做第二個家，開始真正過起生活時，只用棉布購物袋的我彷彿完全找到歸屬。我背著棉布袋上街，無論穿著洋裝或牛仔褲，步伐可自信得很，這個城市許多人都背著軟軟的棉布袋出門，大學生、潮人、家庭主婦或歐吉桑……都是如此，唯一的差別是，購物袋上的字樣成為個人identify，用一只（我最愛的）Do you read me或Walther Koenig書店的包，大概猜得出他是愛讀雜誌的文藝青年，使用超市如Edeka或KaDeWe百貨公司的袋，是有點年紀的；用義大利10 Corso Como或紐約Dean & Deluca的，可能是時尚界分子……每每看見背著好看購物袋的人們，我總是忍不住多瞧一眼，心想我也要有一個……

LV、Gucci、Celine、Chloe……這些高貴的It Bag如今再也激不起我的購物欲。

或許我這樣結論是有偏見的，但我相信，一個對於物質使用與選擇態度

成熟至超越品牌與價格、且關心物件背後的精神與意義的消費社會，一個我稱為sophicated的品味環境，才能讓人將這種廉價購物袋使用得自在好看；而購物袋在我們心中的地位，也才能真正與名牌手袋和平共處。

註 本文原發表於二〇一一年《小日子》雜誌創刊號，是當時總編輯黃威融邀稿。威融對這篇購物袋鼓勵許多，算是開啟我以物件為書寫主角的契機，別有意義。比起當時，今日購物袋的使用已普遍許多，而我對於這樣一個「沒有分量」的包包的愛，還是沒改變。

日用品之美

柏林有間很小的博物館叫做Museum der Dinge，英文意思是Museum of things，專門展示物件；在柏林眾多大型美術館光環下，藏身一棟建築物裡的它不太出名，也沒什麼觀光客知道，但可是我的祕密基地，而且，我曾讀過一位設計大師採訪，國際級大人物提到最喜歡的博物館之一就是它，果真曖曖內含光也能尋得知音。

裡頭展示著七〇年代至今的德意志日常物品，都是大量生產的東西，好些根本是你我家中會有、但並不特別看一眼的，如收音機、時鐘、廚房櫃、相機、火柴盒、NIVEA妮維雅面霜……博物館有館藏四萬件，琳瑯滿目分門別類歸納很清楚（德國人是建檔高手！），依照年代、材質、種類陳列，一口氣全部看完十分過癮，好像藉由物件們回到了某段時光，可能是初次拜訪歐洲朋友家的新奇感覺，或某個老餐館裡的晚餐氛圍。

蘊含平凡詩意

為什麼平凡無奇的日用品會打動人心？打動設計大師的心？我想，生活中的小東西，經常蘊含著一種平凡的詩意，背後也展現著人類的智慧，我們太習慣它理所當然地存在，所以，當刻意由日常中抽離、展示時，創造了距離感，我們便能客觀以新鮮視角看待。

回歸日常，關注日用品其實是這一、二十年的事；八〇、九〇年代的人類還享受著經濟榮景，精品當道，物質主義旺盛；繁華過後的沉澱，品味走向下一個階段，也對「基本」一事福至心靈地感受、感動。

二〇〇三年，無印良品開始「Found Muji」project，設計總監深澤直人與團隊觀察世界各地人們的日常生活，從基本生活用品中尋找靈感，加以重新設計或直接帶回Muji，使得許多異國物件得以被更多人看見、使用，並融入我們的生活中，像是：泰國草編籃子、中國青瓷、印度金屬容器、越南漆器、印尼手打鋁盒、土耳其白石燭台、寮國織品和日本瓷製鈕釦……

深澤直人曾在演講中舉了個例子，說到台北時最喜歡去故宮欣賞宋代青瓷；一次在景德鎮，他看到整個鎮裡大大小小的燒窯廠，使用著與宋朝一樣的材質、一樣的技術甚至一樣的窯去製作青瓷，他便思考：「那我們該稱這些當代的青瓷，是博物館裡宋朝青瓷的拷貝品？或是original版本？」

在深澤眼裡，景德鎮日常使用的青瓷食器，雖然又庶民化又便宜，但其實與博物館裡古董的美麗相差無幾。又例如他在中國鄉下民宅外看到的木頭板凳，造型簡單，實用耐用，功能不受年代與時間限制，甚至留下歲月痕跡的舊板凳更好看，於是也把相同設計概念帶進Found Muji中，成為一張輕巧

優雅的原木凳子。

創意與功能間的平衡

不只設計人士，有越來越多人，在每日生活與旅行中，用成熟、沉澱、思考的雙眼，發掘樸素、實用、無名又親切的日常用品，「Everyday Object」不再是配角，更是與對比精品、相得益彰的要角；我最近採訪的一位法國精品設計總監就說：「製作精良、日常簡單的物件帶給我靈感，我喜歡創意與功能之間的平衡。」

以此主題的商店也是這個時代的寵兒焦點，策展優秀（Well Curated）的生活選物店是風格意見領袖，例如巴黎的生活概念店鋪Merci、德國各地的Manufactum、葡萄牙的A Vida Portuguesa……等等，當然還有才開幕一年多、銀座那棟巨大的無印良品旗艦店。我的歐洲朋友們則最愛台灣的小北百貨，說永遠逛不膩，義大利人Mariella稱它為「The Everything Store」！

回到自身上，雖然我對精品店與厲害百貨公司仍是興致盎然心得豐富（這些商業空間裡，每個場景都被精心設計，背後是各領域一流設計師們的專業功力啊），但的確也隨著時間與經驗累積，越發熱烈地流連在生活用品店、異國超市藥妝店、甚至有點俗氣（Kitsch）的老式雜貨鋪子裡，發現未見過的小東西成了旅行任務，此類求知欲比購物欲更強烈。

餐具、掃帚、搪瓷鍋、刨刀、麻料餐巾、水杯、塑膠玩具、菜籃……因為日用品的「地位再提升」，更多人們審視無名設計、在旅途中看待在地手藝的眼光都更不同了，一只陶碗與一捲手織棉布的吸引力，人們對樸素美的欣賞力，都越來越深刻強烈。

全球有許多在地的小手工業在大量製造的洪流下不斷消失，也唯有讓多一點人看見基本款的美，它們才有機會永續保留。

輯二

愛戀物件

關於那些美好時光及經典設計

Part One

緩慢的日常

書、海報與花

過去的採訪工作需要大量接觸人與空間，加上生活歐洲這幾年對「去朋友家做客」一事樂此不疲，我因此得以拜訪許多漂亮的家，而且很多都是我羨慕並想直接住進裡頭的。

我喜歡走進人們真實生活的空間，每一個好看的家，都一再說服著我，美好居家長得不一定要像雜誌畫面那樣一塵不染，精緻無瑕；我喜歡的這些家，餐桌上堆著雜誌，小桌上有零錢與鑰匙，浴室裡有大小瓶瓶罐罐，廚房瓦斯爐上還有剛煮完咖啡的壺子，隨處擺著綠色植物，就算長得有點狂野也很棒……

有孩子的家肯定是整齊不起來的，但那些可愛的玩偶與童話書，又何嘗不是一種裝飾。

我每年去米蘭設計週，每次都是滿滿地被注入新鮮點子，從眼睛到腦子裡塞滿著美與靈感；同時，隨著看展次數越多，年紀越大，我也越來越執著在「怎麼樣才算是好設計」「誰是展場上最新設計家具的主人」「美好居家空間的元素」……這類設計理論與創意之外，更真實生活的思考。

家具展上那些美麗又前衛的大師之作，或許可比喻成服裝伸展台上的秀服，傳遞著設計師的理念與美學；但伸展台下的多數人們，並不穿著那些華美與天馬行空過日子。

集結過去踏進門、那些精彩又舒服的家，我發現有幾個元素是共有的：花、書本與海報。

隨性擺放的鮮花美如春天

我不是指那些出自知名花藝大師之手或各種流派的花，更吸引我目光的，是那從市場買來，一大把、新鮮、濕潤、生氣蓬勃的花；也許就只是一整束裝進玻璃花瓶裡，多一點的則搭配些大片綠葉或穿插不同品種的顏色創造層次。

幾週前，我在米蘭藝廊Rossana Orlandi的花園桌上看到隨性（可能也是不著痕跡的功力）的花束，裝在牛奶瓶、玻璃瓶中，簡單卻美得像是把春天都蒐集起來裝飾在桌上，渾然天成。我只想照著這樣妝點我的客廳。

閱讀讓人美麗，而書本也讓空間迷人。

有多少次，我們喜歡的空間都有整面書牆，從老佛爺Karl Lagerfeld那圖書館式、一整片的巨大書架，到Pinterest上「home with books」系列的各種照片。但我必須說，那些用來裝飾的書，跟被主人真實讀過、留下時間與手感痕跡的可太不一樣，你一定感覺得出來之間的微妙差別；後者就像是有了靈魂般，透露神韻與溫度，更是動人。

過了某一個年紀，我發現海報就不出現在我的牆上了，感覺掛上什麼都不太對……一直到認識了丹麥女生Kasia。

住在哥本哈根的Kasia是位美麗的心理醫生，她的家一如印象中的北歐空間，整個是白色基調，和各種柚木、帶點七〇年代風格的家具。她的家中從浴室、廚房、走道都掛著海報，但不顯廉價或雜亂；她說「海報是最便宜的藝術品」，我才恍然大悟，她的海報都是博物館展覽時的官方海報，上頭的確都是展覽中最精彩的那件作品，無論攝影、繪畫、當代藝術。

同時，她也為這些海報裱框，創造更博物館級的質地；我想起曾讀過美國一篇居家設計文章，意思大抵是這樣的：「過了學生的年紀，不裱框的海報會透露出你的品味沒隨著年紀而進步……」歐洲美術館的展覽海報，從紙質到設計向來講究，即便帶著海報旅行不是件容易事，但如果是你很喜歡的

WALTON
FORD
100
CHRISTIAN DIOR
MARGIELA THE HERMÈS YEARS
KARL LAGERFELD FOTOGRAFIE
Marella Agnelli The Last Swan

展覽，海報的確值得收藏。

受Kasia啟發，哥本哈根之旅，我把藝術家Walton Ford在Louisiana當代美術館的個展海報帶回家；現在，我擁有Walton Ford知名作品「蜂鳥」在柏林家的牆上，加上旅行的記憶，真好。

柏林的C/O Berlin和Helmut Netwon攝影博物館的海報，是我會送給朋友做為伴手禮的，給你們參考。

毛巾哲學

我對毛巾算是有「輕微」苛求，衣櫃裡有一大區是折疊著的毛巾。不見得是生活裡的重點，但我覺得，毛巾就像是貼身衣物那樣親密，最接近皮膚的日常用品，也是展現一點點自我生活態度的微小介面。這種標準，別人看不見，是只有自己才知道的習慣與依賴，一種我與物質之間的默契互動。

喜歡小尺寸毛巾，30x30公分最佳，恰好能用雙手打濕、搓洗、擰一兩次擰乾，輕巧順手；很多女孩洗完臉後習慣用面紙，我則堅持使用這類小面巾。不只是因為能掌握它到底乾不乾淨，有沒有化學殘留，更不用一張張消耗壽命只有一次的潔白，算是環保。

經常添購小毛巾，已經到了像是蒐集的程度，幾乎與採買超市家用品的頻率相當，各種顏色、品牌、質地、觸感……都能為洗臉擦拭、擦身體時帶來不同體貼。

我的浴室架上同時掛著三條小毛巾，特別是在潮濕的台灣氣候下，日用毛巾肯定是乾不了的，兩三條輪替使用的分量很恰當，一條毛巾用到底不見得是好習慣；同時，無論是大小旅行，就算入住好飯店，我的小面巾也都隨時帶著。它不見得比大飯店的名牌毛巾高級，但我純粹地只想用自己的毛巾擦臉，當然，飯店那種厚軟蓬鬆的大浴巾的確討人喜歡（而且飯店有不同洗滌法，總有種很乾淨的味道也特別鬆軟）。

我的中、大毛巾選擇，多以米白、純白、淺棕色、單色為主，少有花俏，毛巾在浴室裡占了大片色塊，如此便不喧賓奪主，也假裝像是飯店選品，更讓不成套毛巾之間好搭配。

毛巾優不優，材質是關鍵，混以化纖、不吸水、手感生澀的一律敬謝不

敏，身家不清楚的要小心翼翼，最擔心可能殘留染色劑漂白劑螢光劑（我在乎的程度不輸綠色和平組織）。純棉最佳，有機棉、精梳棉、美國棉、埃及棉、長短纖維都好。

日本愛媛縣是出名的高品質毛巾產區，當地的今治純棉毛巾，有著毛茸茸的柔軟觸感，握在手中像是一大團棉花。另一類採純棉紗織法的，則有著紗布手帕般的紋理，輕巧細緻，據說愛美的女孩只用這類毛巾洗臉才不會刺激皮膚長出皺紋。

西班牙有個毛巾老牌名喚Abyss，它們出產的純麻料毛巾給了我最驚豔的毛巾經驗。乾燥時比棉質毛巾硬挺，沾濕後便異常柔軟，吸水力佳，洗過澡後拿著小毛巾拍拍幾下就把水擦乾，俐落清爽，而且非常耐用；天天頻繁使用的麻質毛巾，過了好幾個月纖維才有些稀疏的樣子，增添歲月的外貌卻揉出更溫柔的質地，物盡其用。

小確幸更有滿足感

關於毛巾還有個題外話；我身邊不少人仍留著那條兒童時期就用著的大毛巾，都破破舊舊了卻還依戀上面特有的味道與記憶，我也藏有這樣一條，連母親都不知道，是唯一舊了爛了仍不淘汰的毛巾。

毛巾似乎是容易被忽略的基本需求，我看過朋友的漂亮浴室裡掛著皺巴巴的毛巾，或者有些對服裝與皮膚保養關注之人，卻隨便找條毛巾打發洗臉與沐浴後的短短十分鐘。

關於購買與使用物件的哲學上，我傾向關注日用品多一些，想想，再好的日用品都不會大傷荷包，卻能帶來日常生活的小幸福，這不才是買東西的真諦？

對室內拖鞋之意見

室內拖鞋是非常具有亞洲生活特色的象徵，特別在對抗菌、乾淨、高度潔癖的日本，將鞋子踩進居家空間是讓人非常過敏、失禮的行為，是外國人口裡的Taboo；與日本的室內室外鞋壁壘分明的習慣相同，我們的居家拖鞋文化也根深蒂固，幾乎所有人在踏入室內後，得馬上換雙拖鞋才算正式進到屋子裡。

猜想天氣是重要因素，在炎熱氣候的東南亞，屋內大家是光著腳的。每每旅行泰國後，我都嚮往著，在寬敞室內空間裡，裸足赤腳、踩在光潔明亮木地板上那樣爽朗、無拘無束的場景，就算是開放式場域如Resort Hotel的大廳角落，廟宇、瑜伽練習場……也同樣感覺一塵不染，無比清潔。

在《慾望城市》（*Sex and the city*）（是的！我是《慾望城市》鐵粉！）其中一集〈A Woman's Right to Shoes〉裡，女主角 Carrie Bradshaw 被邀請到朋友家的派對，主人為了新生寶寶的健康，要求客人們進門前要脫鞋，重視造型的紐約客如 Carrie 對此彆扭不已，覺得鞋子是全身造型最重要的一部分，脫了鞋就好像少穿一件衣服不完整，身高還矮了一截……故事的最後，Carrie 的名牌鞋 Manolo Blahnik 被順手牽羊不見了，只得穿主人借她的一雙舊球鞋狼狽回家。

事實上，我時不時注意到類似的尷尬畫面；我經常拜訪設計與布置都好看、有風格的住家，但主人提供的拖鞋，多是千篇一律、我們定義中的居家拖鞋——棉質、胖胖的外型，有些帶著可愛圖案，有些是塑膠材質——別誤會，我並不討厭這樣的拖鞋；但拖鞋籃裡裝著的拖鞋，與家的裝修講究是兩種樣貌時，看著裝扮跟 Carrie Bradshaw 一樣有型有款的客人們，套上看起來

不太漂亮也少了個性的拖鞋，那樣的畫面跟空間其實充滿了強烈對比。這種現象，在要求換上室內鞋的咖啡館、餐廳、或甚至是牙醫診所……也是一樣不協調。

充滿異國風情的家居鞋

我最喜歡、也覺得理想的居家鞋是來自北非、真皮製的 Babouche 拖鞋，這種拖鞋在日本頗為流行，經常在選物店見到，我也曾在無印良品特別的選物區見著。

Babouche 是阿拉伯世界的日常物件，最早源自於摩洛哥，五顏六色，羊皮製造，據說是因為穆斯林們一天要脫鞋進入清真寺裡祈禱好幾次，帶點正式樣式、又方便穿脫的 Babouche 便成了國民造型。Babouche 有各種變化款，單色的、圓頭的、鞋面華麗編織的、尖頭阿拉丁神燈風情的……

十九世紀初，法國殖民摩洛哥，Babouche在時尚之國的詮釋下，成了異國情調的生活元素，喝薄荷茶、套著羊皮拖鞋、套上Jellaba長衫、使用色彩繽紛的馬賽克式餐具……成了熱愛波希米亞風情那群巴黎人的最愛。

我的第一雙Babouche是近二十年前在巴黎北邊的Saint-Ouen大市集裡買的，當時一雙才七、八歐元，簡單的一塊棕色皮質，薄薄的底，沒有多餘的設計，穿久了就跟有年紀的包包一樣，顏色越發深邃，染上髒污的痕跡，添了歲月使用之美；一些日子過後，底磨得差不多了，縫線斷了，鞋身漸漸鬆散，也就是換新的時候。

每次到巴黎，我都特別留意販賣這種摩洛哥拖鞋的小鋪子；選擇無數，單色素面的、有縫上小珠珠的，華麗一些、繡上亮片的，都是曾經的戰利品；我用Babouche作為室內拖鞋，在懶散的居家時光裡看起來少一點邋遢，幾乎各種Outfit也能相稱。

風情萬千繡花鞋

另外一種我著迷的拖鞋，是《花樣年華》裡張曼玉的繡花拖鞋，在她美麗的旗袍下，就算不是高跟鞋，這樣的平底線條一點也沒有減弱她全身造型的美；最早最早、一九九七年第一次去香港時，看到這種拖鞋還不懂欣賞，只覺得繡花繡鳳、萬紫千紅的繡花鞋符合了我對港式老派風情的想像。有一陣子，台灣女孩們也注意到西門町「小花園」的繡花鞋，短暫吹起一陣復古風，這樣的拖鞋穿上街反倒有摩登新面貌。

我的生活風格偶像——日本演員桐島かれん小姐，旅行世界各地尋找有意思的雜貨放入自己經營的選物店，鮮豔搶眼的繡花鞋——無論是台灣的、香港、越南的……在她的搭配品味下，都成了異國的流行符號，彷彿是腳上的濃郁東洋情調。

不過，提到最代表台灣的拖鞋，我一定不會說是藍白拖，而是樸素、在夜市上見得到的那種；二〇一三年，當我的意見領袖、《Monocle》雜誌團隊到台灣採訪時，偶遇了草蓆樣子為底的台灣居家拖鞋，大為驚豔，便把這雙拖鞋選進Monocle Shop中，一雙十五英鎊，「以台灣技術手製、環保的稻梗為材質，上方的布料讓整體顯得優雅，也讓雙腳涼爽舒適。」這個挑剔的選物專家如是說。

這雙拖鞋後來也不辜負《Monocle》的眼光，在面料上玩出更多可能性，我最喜歡牛仔丹寧布的，中和了居家拖鞋生活感，也讓經常穿著牛仔褲的人們，有了不太突兀的拖鞋造型。

我們的家具與衣服都這麼好看了，室內拖鞋可不能就這樣妥協啊。

用杯子說人生故事

對杯子缺乏抵抗力。把杯子帶回家的頻率，比帶回一件新衣高出太多。不過，誰又不是呢？我身旁有一大群擁有漂亮杯盤器具的朋友，食器櫃彷彿小小私人博物館。

我常在咖啡館與餐廳觀察他們的杯子，除了盛做食物飲料之用外，亦是另一個品味與細節的度量衡；在辦公室，我看著同事桌上的馬克杯，藉由它們更認識他們：是名牌茶杯？是異國風？咖啡館城市杯？紀念品杯？還是大學社團的？我想到《慾望城市》裡，律師米蘭達就喜歡用她的哈佛大學馬克杯來喝一天的第一杯咖啡。

從杯子還可以窺看出一個人的習慣：是乾淨的潔癖者使用的杯，或充滿茶垢的杯（我自己其實常累積了咖啡漬……）？

細節裡皆是人生風景

愛杯子、用杯子、收集杯子的人，或許有以下共同主張與理直氣壯：杯子是生活中最頻繁被使用的物件，樣子與顏色有無限可能性；杯子不是椅子，它體積小，不會因為多了一件而壓迫居家空間；好杯子讓一杯平淡的飲料更甜美，分別以不同杯子喝茶喝水喝咖啡喝果汁，是趣味；杯子相較起其他家具家飾設計品，要可親入手的多，名家出品也不傷荷包；杯子無關乎流行，一只好杯可以是經典，只要不打破便永流傳。

除此之外，杯子還帶給我探究的樂趣——什麼材質燒成的，是陶或瓷？品牌歷史？圖案由來？如何用得恰當合宜？

杯子是設計師們經常「下手」的目標，就如同所有家具設計師的畢業作、第一件創作或未來的更多作品，都是椅子（我每年都去米蘭家具展欣賞最新設計，對於創意人們對椅子永遠有見解與新詮釋、永遠有大量新椅子誕生而驚訝佩服）。

日本明星設計師Nendo佐藤大在二〇一八年出版了一本書《コップってなんだっけ》，中文意思是「杯子是什麼」，他在充滿童趣的繪本中，以馬克杯來解釋設計概念。故事是一只裝滿咖啡的馬克杯，要加入牛奶但沒有小勺子可攪拌，於是馬克杯得自行變化形狀，好讓咖啡與牛奶均勻混合；當然，繪本裡每一頁天馬行空的杯子不見得能製成產品（例如底部是尖的能像陀螺一樣旋轉），但藉此說明了，設計的本質是解決人類生活上的問題；而馬克杯做為最實用的生活道具，也隱喻著設計並不是高調，是從日常不著痕跡地下手。

桌上的迷你雕塑

我有許多杯子，西洋茶杯、東洋茶杯、咖啡杯、馬克杯、酒杯、水杯……上街、旅行、逛跳蚤市場時，一失心就又會帶個杯子回家。說好了要先問問自己「是想要還是需要」，但暫無止境的杯子與餐具誘惑，有點像是女生總說衣櫥裡永遠少一件衣服那種感覺。

挑選杯子沒什麼準則；過去，我喜愛古典瓷器門派如Wedgwood、Royal Copenhagen、Villeroy & Boch……此類風格應該是受到父母親的影響；後來，跳蚤市場裡盛行的六〇至七〇年代的普普風格抓住了我的視線，我總被印上鮮豔色彩的抽象圖騰所吸引，這時候也添購了好些Marimekko印花；接著，反璞歸真，又頻繁用起樸素的無印良品式白瓷器，許多摩登餐廳裡使用的、厚實、水彩般單色、優雅的比利時品牌Serax也成了新歡。還有，手沖咖啡配件專家的日本Kinto，也出產簡單好質感素雅杯具。

近幾年，我特別注意起透明玻璃杯，可能是因為喜歡上Cortado；在西班牙和葡萄牙，這種牛奶咖啡裝在厚厚的玻璃杯中，是國民日常飲料，許多文青咖啡館為Cortado穿上新衣，盛在更有質感、刻花、漂亮的玻璃杯中，讓Cortado好喝也更上相，蔚為風潮；說到上相，晶瑩剔透水晶杯中的金澄澄威士忌，則又是另一種杯子風景。

若說面對這麼多杯子有什麼心得，現在我會說偏好單色，尤其像我這種老是東一個、西一個買的，單色容易與其他成員互相搭配，淺色的則在要欣賞咖啡或茶湯時，看得清楚些。

杯子是桌上的小雕塑品，用好看的杯喝茶，會有莫名的儀式感。不過也別追求什麼太戲劇化的設計，好像非得特別場合才派上用場那般慎重；寬口如碗的杯子，我尤其中意，用來喝一杯Café au lait加一枚可頌，便能假裝自己在法國。

我對理想杯子還有一個標準是「使用」，做為日用品，而不是供奉在博物館裡的藝術品，收藏是另一件事——那些鑲有金箔、薄如蛋殼、耗時數月手繪，展現匠人精湛手藝的，不在我的蒐集範圍；雖然偶爾也想擁有一套Meissen那貴氣得不得了的手繪咖啡杯。

喝茶喝咖啡這件平常小事，從古至今人們花了好多心思講究，一旦意識到，便覺得活在選擇豐富充沛的年代，真是幸福。

西洋的青花瓷

一次，來作客的德國朋友問：為什麼餐桌上的盤子都是藍色的？從沒被這樣問過，但我直覺回答，「因為藍色是食物裡沒有的顏色，能襯托料理。」

我為數眾多的餐具有超過一半是藍色或藍色花紋，想想，其實會被瓷器上的藍色吸引沒什麼大道理，大抵是因為成長在使用青花的文化，從中式小餐館裡、印上龍鳳、鑲著米粒的平價茶壺碗盤（後來才知道這有個專屬名字叫「青花玲瓏瓷」），到故宮裡皇帝們的珍稀藝術收藏，我們天生就有著對青花的習慣與審美。

遙遠年代即盛行全球

青花，英文稱 Blue and White，從唐朝時期開始盛行，然後遍行全世界，幾乎所有文化中，亞洲、歐洲、中東的伊斯蘭，都有著青花瓷；兩年前我在伊斯坦堡托普卡帕皇宮博物館裡，初次見識到奧圖曼青花瓷，精細繁複的異國圖騰，有些繪上陌生文字，原來伊斯蘭的青花也美得目眩神迷。

故宮介紹青花史，提到元朝時期，應伊斯蘭的要求，景德鎮官方瓷局燒製了許多官窯風格、又有西亞趣味的青花瓷，算是一種「fusion」，明朝鄭和下西洋時，青花瓷也跟著旅行，成為贈送鄰邦的禮物與貿易商品……我想到遙遠的十三、十四世紀，一種工藝與風格居然可以流傳盛行到全世界，最終落地生根在各地發展出自己的樣貌，真是不可思議，用二十一世紀的流行語來說，這是軟實力。

我平時使用的 Blue and White，是「Zwiebelmuster」——藍洋蔥，這是

德國瓷器名家Meissen在一七三九年發明的圖樣，花紋結合石榴、桃子、洋蔥、花朵、藤蔓，細膩優美，問世後受到歐洲上流社會人士們追捧，身價非凡；當時，歐洲也風靡著中國進口的舶來品青花，Meissen的青花，為當時的薩克森王朝賺了很多錢。

到了十九世紀，這個花紋被大量複製，幾乎所有歐洲大小瓷器廠都生產Zwiebelmuster，藍洋蔥也從象徵富裕的收藏品，走進民間成為日用品，到現在，這靛藍花紋還是繼續製造著，例如德國品牌KAHLA便以此為基本款，二手市場裡，也經常見得其蹤跡。

瓷器Meissen的故鄉是位於今日德國東部的Meissen小鎮，離著名文化之城Dresden（德列斯登）不遠。多年前，我到小鎮觀光，除了朝聖也心想能不能尋寶到划算的名家瓷器，Meissen可是世界上最貴的瓷器品啊，但最後空手而回；因為，就算Meissen小鎮裡其他的瓷器製造商，顯然都延續往日輝煌歷史，出產的藍洋蔥也都帶著高高在上的氣質。

另一個我們熟悉的青花，是丹麥Royal Copenhagen的Blue Fluted——「唐草」；創立於一七七五年，唐草概念來自當時中國青花瓷器上的菊花圖樣，結合北歐原生植物「委陵菜屬」，與小巧的花朵、葉片、花藤，手工描繪在骨瓷上，細緻輕巧，使用唐草杯喝茶時，不自覺會放慢節奏躡起手來；身邊的日本韓國朋友，家中或多或少都有幾件唐草。來自十八世紀的北歐設計，在亞洲成了質感生活的定番。

既東方也西方，可古典可現代

藍白組合在今天，不只是古典的花花草草，更是創意人大玩傳統與摩登對比的好機會；有個瑞典小牌，將水手的錨、龐克的玫瑰與劍，歌德風圖樣繪上青花碗盤，很有衝突之美；德國朋友Heike也是青花同好，介紹我特別的收藏：那是幾個畫有鄉村風景的藍白盤子，仔細一看，才明白那些風景全都是有著核電廠的地點，這是德國人用幽默回應核威脅的方式，讓老派青花瓷當做一種當代宣言的媒介；我也曾在網路上看到藝術家橫尾忠則，將一個藍色骷髏頭畫上青花瓷，酷得不得了。

後來，對於為什麼德國人問起我的藍洋蔥一事，我終於恍然大悟：原來在他們眼裡，這是上一輩的風格。下次我會說，青花是世界的語言，而且，在我這個追求復古情調的台灣小資眼裡，這是cool vintage style。

芬蘭的旅行與花器

芬蘭不平凡，這個國家人口不到六百萬，剛滿一百零三歲（二〇一七年底才慶祝獨立一百週年），是世界設計史上的模範生，在「斯堪地那維亞設計」欄目中，芬蘭設計師如Alvar Aalto、設計品牌Marimekko、Iittala、Artek、Arabia……都占有重要一席之地，而且，芬蘭還總是聯合國全球幸福指數最快樂的國家前幾名！

位於邊陲北國，地理上芬蘭是離日本最近的歐洲國家，往北極方向飛，東京飛到赫爾辛基不到十小時，因此九〇年代起有大量日本觀光客旅行芬蘭；學生時期的我，便是從日文雜誌上認識了芬蘭的二三事，是最早的芬蘭流行文化印象。二〇〇六年上映的電影《海鷗食堂》，講述一位日本女人在赫爾辛基經營咖啡館的生活人情故事，算得上是兩國緣分的代表作，也是我與朋友們喜歡的溫馨小品。

近幾年我曾在赫爾辛基機場轉機幾次，一見鍾情；它非常小，鋪著像是高級住宅的木質地板，洗手間裡播放小鳥鳴叫溪水淙淙聲，反映著這是個森林覆蓋的自然之國，氣氛從容，毫不匆忙，對比霸氣、冷冽前衛感的國際大機場，實在可愛。

轉機時間，我會到國民品牌Marimekko與Iittala店裡轉轉，倒不用像日本觀光客忙著採買免稅品，光看琳瑯滿目的設計，有時試穿一件外套就心滿意足，再繞到Johan& nyström來杯手沖咖啡，這樣的節奏足夠讓長途飛行的旅人休息充電。

我也拜訪過一次赫爾辛基，那是個還未至嚴冬、但已經是下午三點天黑、早上八點才天亮的深秋。天冷旅行不輕鬆，要穿得夠暖才能在外頭長時

間行走漫遊，也每一陣子就要進商店或咖啡館裡喝茶取暖，低溫加上日光不足讓人意興闌珊，我連要搭船到愛沙尼亞首都塔林的好計畫都放棄，幾天下來賴在飯店的時間比其他旅行多得多，難怪暖呼呼的芬蘭桑拿三溫暖是全民嗜好。

到設計之國必定不錯過設計博物館，赫爾辛基的設計博物館（Designmuseo）就像翻開北歐、芬蘭設計教科書，早在一八七三年就成立了，更是歷史上最早有關於視覺設計的博物館之一，館藏豐富，前身是一座學校，小品氣氛讓人自在，連在Museum Cafe都很開心。

博物館系統性介紹芬蘭百年設計史，讓我有複習般的收穫，大量互動式展覽有意思又寓教於樂，對設計一竅不通的，能在展覽後打下基礎知識，兒童們在此可從小培養美感；總之，我的芬蘭經驗都很愉快，芬蘭人的和善更是高幸福指數的實證。

花瓶名喚Savoy

年初的冬季折扣季，我在柏林Iittala專賣店見到著名的花瓶「Savoy」打五折，綠色白色，三種尺寸，拍了照上傳限時動態，附註「這個居然半價了」，迴響熱烈，朋友們七嘴八舌回應：快下手、好值得、三個都買吧……大家果然對設計品的素養好高也精打細算，知道經典總是不打折。

Savoy Vase，又稱Aalto Vase，是芬蘭經典符號，北歐當代設計重要代表，由芬蘭設計宗師Alvar Aalto與妻子Aino於一九三七年、為赫爾辛基的Savoy餐廳所設計，他們也同時操刀餐廳的室內設計與家具，至今仍營業著；到赫爾辛基時，我還特別見識了一番。

Alvar Aalto一生設計無數，建築、家具、玻璃家飾、藝術品……他的設計史就是芬蘭二十世紀設計縮影。

芬蘭是著名的千湖之國（能想像有十八萬個湖嗎？），Savoy有機的

（organic）線條靈感便源自於此，由空中向下俯看這個國家，花瓶的曲線就像是其中一座湖，Aalto另一件名作「Paimio」椅也能看得到如此身形。八十多年來，Savoy發展成多種顏色不同尺寸，仍在芬蘭工廠裡口吹製造。

不負眾望，在比生產國買還划算的花瓶成為家中成員後，我才知道，如此曲線要將花擺得漂亮需要功力，無論是一把玫瑰、一束混搭的花朵葉子，我就是沒巧手插花插得像廣告照片一樣好看；後來幾位朋友分享了自家的Savoy，才知道大家共同心得都是，這花瓶挑戰著自己對花材與擺放的美感，這是沒意料到的樂趣。

Part Two

氣味敏感者

與牙膏的親密對話

在清潔沐浴這件每日必行之事上，我最在乎的是刷牙，比起卸妝、洗髮、淋浴還講究些，原因出自牙齒向來不健康而被迫養成的好習慣。不過老實說，即便如此重視，我的牙齒並沒有從此就身強體壯潔白硬朗，醫生解釋牙齒健康與基因有關，未必好好刷牙就保證齲齒遠離，是啊，我就認識經常不刷牙卻一顆蛀牙也沒有的美齒先生美齒小姐呢。

在乎刷牙還有一個重要理由：這是讓我感覺獨特、與自己更私密的一種互動，一種日常生活的時刻與選擇。在一段很短的時間內，專心看著鏡子、感受一下自己。

然而，看看超市與藥妝店架上牙膏的選擇就知道了，「重視口腔清潔」這話題顯然不是第一主流，洗面乳洗髮精沐浴乳的選項要比牙膏多得多，我們關心面子問題大於牙齒問題。而我總想，用在嘴巴裡面的東西，不是要比用在皮膚表面上的來得更「親密」嗎？

我的理論是，我們一天開始，吃進的第一口東西，不是早餐而是牙膏……於是，使用不同口味、不同功效、來自不同地方的牙膏，甚至搭配不同牙刷，是我每次刷牙三、四分鐘時的享受；與自己短短相處的小幸福，跟品嚐一顆糖果、巧克力、小點心的心情是差不多的。

選擇牙膏有幾個很personal的基本標準，這似乎也能當做「一個愛牙膏者的心得分享」，像是：市場主流的薄荷口味不是我的首選，最害怕過度添加的牙膏，在幾分鐘刷牙時間把口腔弄得像是誤食辣椒般刺激辛辣，舌頭發麻，偏偏這種牙膏頗是多數；喜歡小包裝多於「家庭號」，我的浴室架上同時擺著四、五、六條牙膏，多種「口味」變換的道理，與女孩們同時擁有幾罐香水差不多，隨心情與需求更換味道；想要清新感就來點天然香草配方，覺得火氣有點大則換上保護牙齦功效的，或者睡前使用美白型，企圖彌補一日過後、咖啡與茶留在牙齒上的顏色；還有，若要搭配漱口水，那麼最好是同一品牌的味道才好延續……

不同口味的牙膏及設計

我也在乎牙膏包裝，就跟所有物件道理相同，美感豈能妥協？好看的牙膏讓人好心情地打開一日也結束一日，就算是專業醫藥型的牙膏，也有不冰冷無趣又簡潔的好設計。

日本有個名喚 Margaret Josefin 的牙膏牌子很有意思，有著小小的素雅白色包裝，一字排開幾十種口味，從薰衣草、可樂、抹茶、白桃到印度咖哩……我覺得這是打破我們習以為常的經驗、將創意與想像力放進基本日用

MARVIS
PASTA DEL
CAPITANO
Aesop

品上的好例子。雖然我不會用咖哩牙膏來清潔剛吃過咖哩的口腔，但這麼天馬行空又不玩過頭的牙膏，的確能帶來些生活中會心一笑的時光。

又，來自義大利的老牌牙膏Marvis，早是牙膏圈子裡最受歡迎的一員（有點太受歡迎了其實），有著漂亮極了的古典風格外包裝與字體，印在軟管身上的圖騰、牙膏蓋子都別出心裁，也別有一番好滋味如肉桂與茉莉薄荷，選物店或時尚專賣店中，經常有它的身影；身為長久以來的忠實愛好者，旅行時若碰巧遇見它，必定多帶些回家當存貨。每次到義大利，別人可能是忙著採買包包手袋，我則盡可能蒐集各種義式牙膏。

相較起Marvis的時髦復古形象，來自葡萄牙的Couto就是真正的老派，經常被各國設計店鋪選為復古好設計一員；Couto從三〇年代就問世，至今保留原本橘色紙盒與黃色硬質牙膏管身包裝，客觀說來，它並沒有令我在刷牙時感到特別愉悅，舌尖甚至能感覺到老式牙膏的特殊質地，然而，在「舊即是新」、人們用不同的眼光欣賞老東西的年代，老阿伯級的Couto成為新流行。當我旅行葡萄牙，看到各種店家都賣著Couto，早期Couto海報也成為設計店鋪裡的商品，像是我們的黑人牙膏般全民化，我便不禁想，我們的哪樣國民日用品在未來也能如此被全世界注意？

在德國，我的牙膏採買地是有機商店，可能是心理作用使然，含有海鹽、精油、香草、蜂膠、甘草……這些成分的牙膏們，用起來自我感覺良好，價格也十分親近。

在這十年的精品牙膏（craft toothpaste）風潮中，來自法國南部的Lebon是佼佼者。有著文青氣質的品牌概念，以創作態度、旅行感受調配牙膏香氣，像是結合薄荷與鳳梨氣味的「Tropical Crush」，靈感來自巴西的格蘭德島海灘，光是這個名字，我就願意買單，雖然它可能是最貴的牙膏。

不過，就算是牙膏界的明星，我們也絕對負擔得起。這種嘴巴裡的保養與享受，其實一點也無關高不可攀或傲慢，小確幸反倒才值得多在意。

我去過大溪地

旅行過不少地方，每每被問起「哪裡最美？」我總會毫不猶豫地回答，大溪地。

我曾經真真實實踩在大溪地土地上八、九天，拜訪過Tahiti、Moorea、還有傳奇的Bora Bora三個島，但仍經常覺得不可思議，我到過這千山萬水之外的天涯海角？

在大溪地，我見過最美麗的珊瑚礁潟湖（Lagoon），各種奇異藍色的海水漸層（比馬爾地夫更讓人屏息動魄），我經歷過此生最超現實的夕陽魔幻時刻，也清楚記得，在深深黑夜裡看到了前所未有的繁星點點銀河，彷彿不是在地球上——我甚至恐懼自己會被宇宙吸走，感受到那股既夢幻又神祕的力量。

世人給大溪地太多暱稱，世間最後一片淨土，太平洋上的珍珠；我的天堂紀念品，除了無價回憶，還有一樣樸素的產品，證明曾經桃花源一遊。

如同每趟旅行，無論再極簡主義再心如止水，還是想帶個專屬在地的小東西回家，尤其，都來到這麼遺世獨立的大溪地了。一直到跟Isabella吃了午餐，才知道不喜歡手工木雕、對於當地特產珍貴黑珍珠也不感興趣的我，該從什麼下手。

大溪地女孩必備

Isabella是典型大溪地美女，體型高大渾圓，但比高更畫裡的女人修長纖細，一頭烏黑長捲髮，在首都Papeete的國家觀光局裡工作。丈夫是法國人，也因此經常來回巴黎，算是時髦職業婦女。她看著我曬得又紅又乾的皮膚，告訴我一定要勤著用Monoi Oil——梔子花油。

「梔子花是國花，梔子花油是大溪地女孩必備的日常用品，我們隨時隨地用來保養皮膚與頭髮，也當防曬油，尤其游完泳之後，一定從頭到腳全抹上。我也會先塗上大量的Monoi Oil再洗頭，頭髮會變得很有光澤……」她熱情分享說。

是啊，大溪地女人頭上永遠戴著鮮花，扶桑花、雞蛋花，還有隨處可見的梔子花，這是她們除了黑珍珠之外用來裝扮自己的飾品；這些在海裡、在烈焰陽光下長大、總是笑咪咪的女孩們，肯定有一套自己的美容祕方。

我在Papeete的大型超市裡見到了梔子花商品，其中最顯人氣的，莫過於Monoi Tiki Tahiti了。

這瓶梔子花油裝在一個差不多十五公分高的塑膠瓶裡，大小剛好能握在手心上，是一百二十毫升的容量。色彩鮮亮、在我眼看來是異國熱帶島

MONOÏ
TIKI
TAHITI
YLANG YLANG
MONOÏ
TIKI
TAHITI
TIARE

嶼風情的復古標籤上，印著梔子花圖樣，上面的100% Made in Tahiti及Since 1942，解釋了它的身世。

這罐油像是有生命般，夏天時是金黃色的液體，裡頭漂浮著一兩朵乾燥梔子花，天冷時則像冬眠般凝固成白色膏狀，原因來自其製造過程——梔子花浸泡在純椰子油裡，取出花朵精華與氣味，或者再加入其他香料如香草、茉莉花、依蘭、椰子油為基底，低於攝氏二十四度便會凝結。由於價錢很便宜，樣子也可愛，我便買了幾罐做為伴手禮。

梔子花油、肥皂、乳霜……是大溪地婦女們的手製工藝，沿襲古老配方生產，從有空調的商店，到傳統市集、街邊小攤上，都找得到這些有著白色花瓣、中間小小黃色花蕊的可愛身影。

Monoi Oil質地豐潤，味道鮮明，揉合著草與花香，抹在乾燥粗糙的皮膚上很快便吸收了，也的確舒緩保濕了些；不過，我學Isabella用來做為護髮油，卻怎樣也不習慣那樣的黏膩。

平價可親滋潤健康

之後，我開始生活柏林，比起台北經常超過百分之八十的濕度，柏林又冷又乾，皮膚總是緊繃欲裂。雖然氣候完全是大溪地的對比，這梔子花油卻變得恰到好處，合時合宜了。

這小罐子是我浴室裡的一員，天冷時放在暖氣上維持其液狀，也開始不吝嗇地往頭髮上抹，幾小時後再洗掉，乾巴巴的稻草神奇地柔軟了些；更興奮的是，我在有機商店內再度與這個純正大溪地船來品相遇，味道齊全，價錢可親，之於推崇天然、無添加生活的擁護者，梔子花油是提升肌膚健康的良品。

這幾年，油類美容風潮吹起，法國、北歐、英國的尤其高明，把靈巧細緻、抽象優雅、詩意的味道調入油中，將保養提升至精神性層次，甚至是一門生活藝術；我享受那樣高貴又有氣質的味道（Diptyque的油就好迷人啊），那種讓你感覺「有點與眾不同」的調調，其實也是熱衷此道同好的主流，一瞬間，大家熱愛的都差不多都是那幾個名字。

這「100%大溪地製造」在我的日常裡十年了，在今日講究的美容世界裡，這要價不到十歐元，超市裡找得著的梔子花油，老派得像是我們的明星花露水一樣平凡。可能配方不夠進步，味道也不複雜，包裝也不夠具有設計感，油也不夠細，但卻連結了我的大溪地記憶。除了滋養皮膚的功效，還給我一種另類的「獨一無二」感受，也是我對歷久彌新精神的實踐。在刁鑽的品味面前，就像是怡人的鄰家女孩，讓我一直鍾情著。

古典肥皂生活

只用肥皂的生活習慣已經持續十多年，想不起為什麼、也難解釋為何捨棄液狀清潔劑而只鍾情皂塊，理由大抵是，我真心喜歡使用肥皂洗澡洗手過後，那種非常純淨、甚至讓皮膚有點乾燥的清潔感。而肥皂留下來的、似有若無、像是嬰兒身上的溫柔氣味，或作家筆下形容的「女孩們洗過頭髮後的淡淡香氣」，也很讓人舒服。

肥皂是人類歷史上最早的洗滌用品，據說在公元前三、四千年就出現在人們的生活裡。我對這種配方簡單、感覺純粹、手感、實在，帶點老派的清潔概念很是著迷，是心中追求back to basic精神的一項。那些香氣濃烈的清潔用品總是聞了頭暈，有時也會懷疑在香味與色彩的美麗糖衣背後，究竟使用了什麼複雜的化學成分。

肥皂成癮，至少在洗澡這件事上，再也不用液狀產品。即便住進好飯店，裡頭提供的好牌子沐浴用品，賞心悅目卻也引不起興趣，寧願捨之不用；情人節聖誕節收到的高級沐浴乳，也只是觀賞；到後來，帶著自己的肥皂上路也是一種好習慣。洗臉、洗碗、洗衣，亦是肥皂至上。

多年前，我曾到品牌創辦不久的台灣某廠肥皂、位於鄉下的工作室採訪，至今記憶猶新。那是個位在大自然間的小肥皂製造工坊，我見到各種新鮮植物香草堆在角落，一旁還有果汁機般的攪拌器處理香草，空間滿是自然清爽的芬芳氣味，鍋爐工具們整齊安穩地運行，有著像是大廚的廚房般氣氛：媽媽級員工們用手切著肥皂，一塊塊不對稱卻溫潤紮實；在另一個密閉小房間裡，架上整齊擺滿肥皂，一旁擺著除濕機，剛完成的肥皂們在這裡「熟成」，等待幾個月後變硬了再販賣。親眼見到如此自然、基礎、實在的製造法，不只是上了一堂慢活課，也打開我對肥皂的好印象。

對肥皂忠貞不二，買肥皂收集肥皂這事成了反射動作，無論到哪裡自然會帶些當地貨回家（幸好肥皂不是奢侈品），把它們擺在衣櫥五斗櫃裡，衣服也沾染了淡雅香氣，又是另一個附加的美好，也不必擔心過期問題。

歐洲肥皂文化史

歐洲的肥皂文化尤其發達。地中海沿岸，以橄欖油為基底的肥皂蔚為主流，南法的馬賽肥皂（Savon de Marseille）最是代表。

在馬賽旅行時，真的隨處可見肥皂小鋪子、小專賣店，多數樸素不商業化；倒不是在馬賽製造的才可稱做馬賽皂——無論手工或工廠生產，都得依循傳統配方——由橄欖油製成、保證含有72%脂肪酸含量才算數。也因此，你會看見許多方正立體、綠色或乳白色、無添加其他香料的馬賽皂，會

SAPONIFICIO VARESINO
MIRTO DI SARDEGNA
LAVANDA
SAPONE AL MIELE
MUSCO REAL
MUSGO REAL
GLICERINE E MANDORLA

SAVON
DE
MARSEILLE
SAVON
DE
MARSEILLE
EXTRA PUR
72%
D'HUILE
600
GRAMMES
72%
D'HUILE
OLIVE 3€
Savon
de
Marseille
Savon
de
Marseille
EXTRA PUR
72%
D'HUILE
A BASE

在表面印上72% 油份字樣。

在藥房、市集、有機超市也能見到高品質、非商業品牌肥皂的蹤跡，用羊奶製造的、加入葡萄酒的、或者是無香精只有濃重皂鹼味的、古老肥皂起源地與製法的阿勒坡肥皂（Aleppo Soap）……有時候買菜也就順便帶了肥皂回家。

我最愛不釋手的，是那些歷史悠久的歐洲老牌肥皂；我欣賞的不只是它們的傳統古老製造法，那裹著肥皂的包裝紙，通常也都保留著舊時代風格，在熱愛歷史與老東西的眼睛裡，一只肥皂包裝紙意義不同凡響。

例如，義大利佛羅倫斯修道院、從十六世紀就開始的Santa Marina Novella，肥皂有著優雅芳香與細緻泡沫，白色或黃色外包裝紙就是幾個世紀前的老式印刷；又如義大利熱那亞（Genova）的老牌Valobra，也仍包裝在六〇年代的盒子裡（但Valobra頗為神祕，我到了熱那亞時尋不著這品牌蹤跡，反倒是在其他城市選物店裡才找到）。

經濟衰退意外帶來復古情調

初次到葡萄牙北邊老城波多（Porto），也是因為這是肥皂 Claus Porto 的故鄉而興起拜訪念頭。

創立於十八世紀，Claus Porto 最讓人難忘的，是他們自家印刷、有百年歷史的 Art deco 式美麗包裝紙；結果，到了波多，才發現這個城市製造的肥皂之所以都有著復古包裝，原來是因為波多的經濟衰退，老工廠沒錢革新，只好繼續用著半個世紀、甚至一個世紀前的設計，卻意外成了追逐復古人們眼裡的情調，也滿足了我的包裝癮。

幾年後再訪，波多已是歐洲最熱門的旅遊勝地，整個城市改頭換面，Claus Porto 也呈現摩登嶄新的面貌，有了漂亮的專賣店。那些老派肥皂，可能唯有在小雜貨店裡才見得著了。

現在也是台灣肥皂百花齊放的時代，手工的、特別概念及氣味的本地肥皂紛紛問市，是所謂的文創運動發酵，也可能是大家更常使用肥皂了。我找到更多肥皂同好，也在不同節日時收到討人喜歡的肥皂為禮物（這讓我想起早期台灣以「資生堂蜂蜜香皂」作為禮物的習慣，阿嬤的衣櫥裡總有好幾盒）。

有時候，我也會帶幾塊台灣的艾草或洛神肥皂給國外朋友做為伴手禮，在我的肥皂史裡，台灣的這一派肥皂滋味，真是無出其右。

仲夏夜的香氣

找到一個心儀且愛得永恆的味道，跟尋找Mr. or Ms. Right一樣不容易。

氣味是那樣主觀、又強烈的個人喜好，是最personal的感官偏見，它抽象又難以捕捉，比味覺更挑剔刁鑽；我總覺得，根本沒有誰可以為另外一個人決定一款香水啊，至少在我自己過去的所有經驗裡，從少女時期開始近三十年的香水史，收過各式各樣香水為禮物，從沒有一個味道讓我一見鍾情、立即深深愛上且持續使用；年紀越長，收到的香水也越講究，結果送禮者慎重的心意，最後落得打入冷宮，心疼昂貴禮物只能當做漂亮的裝飾品，但也無可奈何，香味如愛情，怎麼能勉強得來啊。

創作者們總強調著味道的力量，小說《香水》是經典，而《追憶似水年華》裡的章節，那塊瑪德蓮蛋糕喚起的記憶，清楚描繪了味道與回憶之間神祕又理所當然的連結。

氣味與記憶的關聯

在我的大腦圖書館裡，氣味都是連結著回憶的，像是催化劑般，會帶起一個接著一個的畫面；每次談到香水，我必定拿出來說的故事，是使用超過二十年的香水——Christian Dior「Diorella」，這是小時候媽媽曾用過的香味，那檸檬、柑橘、還有一點綠草的氣味，默默在孩子的嗅覺記憶裡埋下種子，等到高中再次與這個味道重逢時，就像是電影《料理鼠王》（*Ratatouille*）裡的美食評論家，嚐到一口老鼠主廚煮的法式燉菜ratatouille，瞬間陳年記憶如浪潮般一波波湧上；於是，我找到了終生伴侶，我需要、且愛戀著這個芬芳，至今用過數不清多少瓶，品牌也換過了好幾次包裝，就算這個七〇年代誕生的香水一點都不流行且顯得老派，但它承載了童年記憶，也成為無形的、我的個人符號。

曾經採訪過一位香味專家，他說，他每次到一處新的地方旅行，就會帶一瓶新香水上路，回到家之後，他還能用味道懷念當時的心情。我也完全有著相同經驗啊。到現在，我都還記得人生初次巴黎行使用的乳液味道，它幫我記憶了當初的興奮悸動。

近十多年香水世界裡最大的變化，是越來越多小眾的香水品牌（artisan fragrance）問世，如Byredo、Frederic Malle、Le Labo、Memo Paris、Nasomatto……打破過去以時裝品牌為主流的香水世界，這些味道背後有著如哲學家與詩人般的Nose（調香師），他們將複雜的、意識形態的、我們鮮少聞過、超越認知的味道，幻化成美麗瓶子裡的液體，這些香水提供了嶄新的嗅覺體驗；有些談不上香，甚至還有些古怪或臭，它們前衛，中性，天馬

Diorella
Dior
ACQUA
COLONIA
OFFICINA PROFUMO
S. MARIA NOVELLA
FIRENZE
1612
mughetto

行空，卻引領我們進入一個新的味覺世界。

同時，在讀著這些香水的廣告文案、描述文字時，其實無法立體化也想不出香味的樣子，但這些文字彷彿是詩句般，堆疊著異國的植物與花朵名稱，描述著氣氛與姿態，是最短的短篇小說。

英文用「wear」這個動詞來形容擦香水，如同穿衣，撞衫經常是尷尬的；這些創意的味道讓人們找到新的表現自己的方式，越與眾不同越佳。

不知道你們有沒有過這樣的經驗？你邂逅一位美麗的女子，身上有著跟你一樣的味道，你彷彿找到同好，有種心靈神會的默契好感；反之，當沒氣質的粗魯大嬸穿戴著最知名的昂貴經典香氣時，瞬間那個高貴的印象，在你心中降溫了。

而當陌生人上前問：「請問你用的是哪款香水」時，那幾乎是最讓人歡心的 compliment（在不吝嗇給予讚美的歐洲，我有幾次這樣的經驗，讓人心花怒放）。

隨季節更迭

我們對香味的需求隨著季節與心情變化，夏天的味道，應該像是清涼的冰茶，爽朗的檸檬水，或夏日綻放的花朵的淡淡香氣，好平衡空氣裡的暑氣，平撫燥熱的情緒。

古龍水、花露水之流的清淡氣味，是我的夏日消暑祕方；來自佛羅倫斯古老藥房的Santa Maria Novella，其招牌古龍水古典、爽朗、有點義大利老派紳士刮鬍水的率性；這個味道，也令我想起電影《天才雷普利》裡，那樣的義大利夏日風景。

住了八、九年的柏林，每年六月，會有兩週整個城裡充滿菩提樹盛開花朵的芬芳，佐著初夏微風，很是心曠神怡；我總說菩提樹會是我對這個城市最深刻的懷念；一次，在義大利品牌L'erbolario藥妝店裡偶遇了它們的菩提花淡香水，自此之後，記憶有了寄託，我也可以將柏林的味道不分季節隨時帶著走了。

另外，葡萄牙波多的肥皂老牌Claus Porto，在幾年前轉型由古典走向摩登之後，也出品了一系列古龍水，以旅行與葡萄牙的自然風景為靈感，我的鼻子與腦子難得地與調香師Lyn Harris的創意一拍即合，於是又多了一個鍾愛的味道……

Less is More概念也符合香水使用法則，最高的芬芳境界是絲絲縷縷若有若無，恰到好處的香氣，帶來夏日的沁入心脾，清新爽朗。

修道院的味道

二十歲出頭的時候，一個喜歡的男生去了義大利讀義大利文，有個週末，他從佛羅倫斯用公共電話撥了電話來，國際通話在當時是奢侈的事，我聽得到電話那頭零錢一個一個咚咚咚掉下來的聲音，但他興沖沖、迫不及待絮絮叨叨說，「我剛剛去了一家好幾百年的老藥房，以前是修道院，真是太不可思議，太漂亮了，裡面有賣香水、肥皂……有一天妳一定要來看看！」

後來，我收到從義大利郵寄來的小郵包，是一塊乳白色的肥皂，包在印著古典文字與家徽圖樣的紙張裡，淡淡香香的。肥皂隨著水與細緻泡沫漸漸變小最後消失，但這段記憶、還有肥皂溫柔的香氣，就跟青春美好歲月一

樣，有些褪色了，卻又記憶猶新，這是我初次與Santa Maria Novella的相遇。

Profumo Farmaceutica di Santa Maria Novella Firenze，這長長一串文字，是「佛羅倫斯新聖母教堂的香水藥房」的意思，也是我口中的Santa Maria Novella（SMN），在台灣被稱做「聖塔瑪莉亞諾維拉香水製藥廠」。

Santa Maria Novella是世界上最老的藥房之一；十三世紀時，教堂裡的僧侶們在修道院裡種植花草香料，用其調配藥品，製作香膏、清潔用品，也做為沐浴與祭祀之用；古代歐洲的修士僧侶，就像亞洲的中醫智者一樣，上知天文下知地理，懂得草藥醫療，宗教哲理，SMN教堂裡的產品受到貴族喜愛，也被平民百姓信賴。

一五三三年，佛羅倫斯傳奇的梅第奇家族的女兒凱德琳，嫁給法國亨利國王時，便請僧侶們為她打造一款佛手柑柑橘香水讓她帶到法國；而在瘟疫肆虐的年代，修道院藥房出產的玫瑰水成為人們四處噴灑用的消毒品；一六一二年，托斯卡尼大公爵授予教堂為皇室認定的榮譽製造商，這也是商標印上1612的由來。

做為一個品牌，SMN產品在許多國家都找得到，但做為一個修道院藥房，只有在佛羅倫斯才能看見如此獨一無二的景象了。

為城市帶來光彩

佛羅倫斯是個層次豐富的迷人城市，文藝復興之起源，藝術、古蹟、時裝、美食……每個面向都極度精彩，有太多可以看的了。在這個不算大、人口約七十萬的城市，用一週探索一點也不嫌多。

我的幾次佛羅倫斯行都很棒，除了震撼人心的聖母百花大教堂與烏菲茲美術館，我流連在那些老式的皮件工坊與文具店裡，在有如美食教科書的中央市場內饞涎欲滴，在老橋一旁的古典珠寶櫥窗外看得目不轉睛……當然，還有Santa Maria Novella！我不會誇張地說SMN老修道院藥房為佛羅倫斯增色，但它的存在，之於這座美麗都市，肯定是相得益彰的光彩。

SMN門面入口是低調的，若不留意可能會錯過；踩著多色大理石地板進入，就會來到一個果真有教堂寧靜氛圍的空間，鑲金深棕色木頭陳列架與櫃臺，天花板上是繁複華麗壁畫，巨型水晶燈，金碧輝煌的室內陳設，我像是戀物者升上美好天堂，忍住興奮，不只要把琳琅滿目的產品摸個、聞個仔細，也想把這座近八百年的古蹟，所有角落都端詳看盡。

經過幾次改裝修復，SMN現在有六個獨立空間讓訪客隨意參觀，每個空間也都解釋著過去的故事。

像是「The Green Room」，建於一三三五年，位於當時療養院與修道院之間，是教堂初次販售商品的場所；又如我最喜歡的「Ancient Apothecary's Shop」古藥品商店，是十六至十八世紀時的銷售大廳，家具裝飾都是十八世紀時的正統古董，美輪美奐，現在是天然草藥產品間，換句話說，就是佛羅倫斯人的中藥鋪；還有「Sacristy」聖器收藏室，十七世紀時的蒸餾室，牆上

繪著耶穌受難的故事，在這裡幾次恍了神，以為自己身處真正的教堂裡。

空間太富有魔力，我的心思全然在建築物細節上，感受著它殿堂感、沉澱雋永的時光痕跡，忘記要把所有香水聞過一遍的計畫。

幾個世紀過去，從修士交到平民手上，當然看得出一些商業痕跡，但它悠長的歷史與維護傳統的精神，讓它籠罩著穩重氣質，購物狂的躁動彷佛在此都被安撫，觀光客式的掃貨也顯俗氣失敬；我帶走適合歐洲乾燥氣候的乳霜Idralia Cream（至今仍持續用著），二十歲記憶裡的那塊牛奶香皂，香水、花草茶與香包。

托斯卡尼修道院的神祕清香

多年來，我嘗試過多樣聖塔瑪莉亞諾維拉香水製藥廠的東西，從食品、乳液到空間香氛，夠格自稱是忠實使用者了；檢視了一下浴室櫃，才注意到原來其「液狀」的產品一直都在我的日常護理中——玫瑰水、橙花水、古龍水與漱口水，是用完了就會再添上的良物；它們的味道一點也不華麗，是中性、老派、古典。這些古老的美容保健配方，功效或許比不上摩登科技實驗室研究出的強力，但那樣幽幽的，天然清新，純粹雅緻的芬芳，在我使用的瞬間迎面輕拂而來，每天總有那幾分鐘，好像將我帶到托斯卡尼修道院的花園裡，有時候過了幾個小時，還能感覺那神祕的一縷清香縈繞。

我熱愛旅行與歷史，有時候我會想：「中世紀苦行禁欲的僧人們，在森林裡採集香草，遵循禮節地工作著，他們既為人們的心靈帶來寄託，也照顧了人們的身體；二十一世紀的我，跟十五世紀的佛羅倫斯人，使用著同一個品牌、同一個味道的香膏與香水，時間究竟是走過了或停留？」這樣的念頭，總讓我覺得浪漫也自得其樂。

日用為道，古代修士們的仙丹妙藥，是我今日的清爽安神，自我療癒，也是一種日常風格。

Part Three

設計與生活

日常的那杯咖啡

二十多年前一個暑假，我過了一次羅馬假期；當時外派羅馬工作的叔叔出差回台，把公寓讓給我住，臨行前介紹了家中設備，在廚房裡示範著義大利人煮咖啡的工具，那是我記憶裡首次見識義大利摩卡壺：鋁製的壺身，分做三個結構，下方底座注入水，中間漏斗形的容器裝進咖啡粉，旋轉鎖緊上方的壺身，然後把整個壺放去瓦斯爐上煮，一下子水滾了，蒸氣湧出，咖啡壺發出咕嚕咕嚕聲，咖啡也就完成了。

摩卡壺煮出來的是義大利人日常喝的espresso濃縮咖啡，又黑又嗆，沒經驗又孩子氣的我嫌太苦，得加上大量牛奶和糖才入得了口。那初次的義大利短住期間，我每天都這樣操作著這個壺，一天喝上幾杯牛奶咖啡，過多的咖啡因似乎催化了某種浪漫想像，感覺自己好像大人味了些，懂了異國生活情趣些，進入義式生活的一角。假期結束，叔叔讓我把那只帶有時間感的摩卡壺帶回家，正式開啟了我的摩卡壺使用習慣；在那之前，要不是上咖啡館，我只懂喝即溶咖啡。

充滿大人味的異國生活

在義大利，摩卡壺是再平常不過的廚房一員，我拜訪過的所有義大利人家裡，每個瓦斯爐、櫃子上都擺著一只這樣子的壺，無論大小，都沾滿了濃厚使用痕跡。一般超市裡也賣摩卡壺配件，跟肥皂、罐頭、洗潔精一樣，基本而毫無疑問地存在，特別是咖啡壺中間那個橡膠圈、金屬濾網或是可能不小心燒焦的塑料手把，在超市幾乎可隨手買到、替換。顯然，除了這幾個部分之外，壺身永遠堅固（我想起當年在台灣要買那個橡膠圈，還得到進口商那兒寫單子請老闆幫忙訂）。

Alfonso Bialetti在一九三三年發明了這只八角造型、鋁質、分做三個部分的咖啡壺「Moka Express」，利用蒸氣加壓原理煮出咖啡；在這之前，咖啡機龐大昂貴、操作複雜，只在餐廳這樣的公共場所使用，Bialetti的革命性設計讓濃縮咖啡走入大眾家中，迅速普及，也因此改變了義大利的咖啡文化，餐後一杯espresso跟喝水一樣理所當然。之後，許多品牌跟進，出產相同原理、造型也幾乎一模一樣的咖啡壺。

我時常在義大利的雜貨店裡，看到那些非Bialetti品牌的咖啡壺，普通尺寸一只才十歐元出頭，便宜得很，不少連鎖家飾也出品相似的摩卡壺，反之，也有高級品牌製造更精緻版本。摩卡壺開枝散葉，深入日常，據說義大利有百分之九十的家庭擁有至少一個摩卡壺，Bialetti公司也宣稱已經賣出至少三億個。

Super Normal
Sensations
of the Ordinary
Lars Müller Publishers

好設計讓日常化為經典

工業設計師深澤直人與Jasper Morrison，在二〇〇六年時舉辦了一場展覽「Super Normal」，新極簡主義精神的兩人是當今「不做無用設計」的代表，展覽上他們收集了兩百零四件、所謂再平凡不過的anonymous design（無名設計）。這兩位設計意見領袖認為，這些日用品帶著優秀設計與謙遜的性格，使得他們即便隱身日常、不被刻意關注，卻散發著低調微弱、迷人的氣質……義大利摩卡壺正是其中之一的無名英雄。

然而，被設計大師推崇為精彩之作，又在物質爆發的二十一世紀，人們對物件的追求、及物件背後意義的關注，波濤洶湧般改變了我們看待事物的眼光；平凡的摩卡壺成為在義大利之外，許多人眼裡的品味、甚至流行符號，大家熱切地為它戴上光環，塑造成一生必備的產品形象，網上有許多人將摩卡壺當做一門學問深入分析，撰寫攻略。

Bialetti 同時也在問世七十多年之後力求變化，約莫十年前開始一掃過往的樸素鄰家形象，在經典的那只灰銀色之外，積極推出各種造型、顏色、圖樣、限定、紀念版，花俏得讓人眼花繚亂。我的幾位義大利朋友對此熱潮感到有趣也不解，「咖啡壺就是咖啡壺嘛！」他們笑說摩卡壺一點也不特別，而我，也始終覺得那樣樸實，basic感的摩卡壺最順眼。

專屬於我的咖啡時光

我的第一只摩卡壺已經是古董級了，壺身灰撲撲髒兮兮，底座是燒焦的深棕色，裡頭卡著歐洲硬水水質留下來的厚厚一層鈣，手把因為好幾次控制不當瓦斯爐上的火、而燒得彎曲變形……它承載著一段年少旅行回憶，我一直留著這個放在跳蚤市場裡賣也沒人要的老東西。

倒是，我還有了幾只不鏽鋼版的Bialetti，一人與三人份的最實用，二十人份的用來裝飾勝於在爐子上煮，朋友們每次看到這麼大一個壺必定都把玩一番，成了我廚房裡的明星。曾經在一家義大利餐館裡，見識飯後老闆就率性地把十人份的摩卡壺咖啡直接端上桌，省了一杯一杯煮的麻煩，看起來也很酷。

在手沖莊園豆子是品味主流的今天，我仍沒跟上這個潮流，還是習慣用摩卡壺煮出濃濃的強勁苦義式味，加上三、四倍的熱水成為美式，或者費心一些溫熱牛奶打出奶泡，成為自家拿鐵；我特別喜歡拿坡里來的咖啡粉，感覺苦味與豐厚程度都剛好。用摩卡壺煮咖啡不講究技巧，好不好喝的差別就在豆子或咖啡粉品牌了。

每次摩卡壺上爐子，水滾、冒煙、咖啡液咕嚕咕嚕流出，然後一室久久不散的咖啡香，這三、四分鐘間，迅速地準備好咖啡，也是我感受十足溫馨日常之美的片刻。

空間裡的建築

兩年前生日的時候，收到一張椅子做為禮物，一張Eames，椅子擺在書桌前、取代平常的工作椅整整一日，我居然完全沒注意到家裡多了個新成員，或許是因為我們早已太熟悉它的形象，也可能是我的公寓、如居家網站Freunde von Freunden裡（我最愛的網站）、典型柏林Altbau老公寓的挑高明亮空間，與Eames身型曲線實在太相稱，椅子是那樣不著痕跡、不動聲色地融入我的房間裡，收到禮物的恍然大悟及驚喜，已是隔一天後了。

正確說來，它是一張來自六〇年代、由設計師夫婦雙人組Charles & Ray Eames於一九四八年設計、美國傢俱公司Herman Miller出品、玻璃纖維材質

（Fiberglass）、名為DSR（Dining Height Side Chair Rod Base）的單人座椅。

由二十一世紀的今日見解來看，它藍灰的色調，底座印上Herman Miller標誌，保留原廠金屬椅腳（這椅腳有個小名喚做「Effiel」，是因為長得像艾菲爾鐵塔），還有那個時代玻璃纖維材質獨有的略微不光滑平整的質地，無疑是Vintage市場裡的搶手貨，設計收藏者眼裡的好東西。

設計迷如我，對Charles & Ray Eames的生平、作品瞭若指掌，多年前更採訪過Eames他們的外孫——Eames Demetrios，他是藝術家、電影導演、Eames基金會主理人，親切熱情的他告訴我好多精彩的家族故事與Eames設計思維；我理應會跟多數的設計迷與文青一樣，家有好幾張Eames椅子，但，事實上，我對這些單椅們——特別是DSW，木頭椅腳的那一款——有著又愛又迷惘的複雜情緒。

Eames Shall Chair是世界上最出名的椅子；一九四八年，Eames夫妻參加紐約MoMA博物館舉辦的Low-Cost Furniture Design（低成本好設計）比賽，他們端出這一系列符合人體輪廓的椅子的原型，獲得第二名，當時還是以金屬與木料為主；兩年後，總是探索著材質運用的他們，發現且完整認識玻璃纖維的優點：可塑性高、堅固、適合工業化大量製造，於是玻璃纖維版本的單椅就這樣問世且量產了。

這些椅子從五〇年代開始受到空前歡迎及巨大成功，Charles與Ray還開發了一系列單獨椅腳，能與椅身自由組合，例如由鋼材製成的「Effiel」，金屬結合木質的、或X形的管狀鋼製四腳底座……成為革命性且標誌性的設計經典。

八〇年代，在Ray過世之前，玻璃纖維被證實會對環境產生傷害，Eames夫婦認為這與他們的設計理念牴觸，因此將材質換成塑料，而成為現在市場上主流的版本。

然而，此舉也讓這些椅子成為被山寨最多的目標。「長得跟Eames很像的椅子」出現在世界各地廉價的家具店、連鎖平價餐廳咖啡館或小旅館、還

有網路上數也數不盡的選擇裡……有的質感極差，有的比真正的Eames價格少了一個零……不認識Eames設計故事的消費者們，就在不明就裡中支持了一張盜版品；而這二十年間，人們對於經典款與潮流的熱烈追逐，也讓這些椅子成為盲從者的「必買」。

當經典成為資本主義下的熱銷商品時，對於真心尊敬好設計理念、珍愛好設計的人們而言，這些作品好似也失去了一種「純粹」的意義；這是我面對排山倒海隨處可見Eames Shall Chair的感想。

好設計是「本應如此」

清楚記得Eames Demetrios提過：「Charles以前常說，設計師與建築師的工作，基本上就是扮演一個好主人，預先設想客人的需求；如果你買了一張仿冒椅，你就享受不到Charles & Ray想提供的賓主關係。設計家具不是一個平面設計的過程，要設計一張遠遠看起來不錯的椅子不難，但要讓使用者坐起來感覺很好，做工細緻，又持久耐用，壽命長達幾十年等等，這樣的椅子設計起來就要靠經驗，而且是立體空間的經驗。買一張複製的Eames椅，你得到的不是百分之五十的Eames體驗，是零，而且還更糟。你以為這就是Eames椅，但它可能會讓你失望。」

這一年，我的新（舊）椅子為我帶來不少生活樂趣，它適合每個角落，我經常將它移動在不同空間之間；它很「上相」，難怪從舊時的廣告、時尚攝影、電影場景，到現在社交網路上的大量影像，Eames椅子一直都是最好的主角或配角；因為親身日日使用，我理解到Eames Demetrios常為他祖父母發言的那番話：「一個東西若設計得好，會有一種『本應如此』的特質，你不會覺得它是設計出來的，你會覺得本來就該是這樣。」

Charles & Ray Eames為人類現代工業設計史帶來了里程碑般的貢獻，除了擁有他們的設計品，我覺得更有意思、有意義的，是好好「閱讀」這對大師；世界上有許多關於Eames夫婦各種語言、各種形式的書與紀錄片（Eames Demetrios自己就製作了不少），例如Eames Demetrios於二〇一二年出版的《Eames: Beautiful Details》一書，是最豐富、我最珍惜的一本（也又重又美），或者中文版的《伊姆斯：創作，到真實之路》（*An Eames Primer*），也記錄著太多讓人認同又具啟發性的設計理念。

在美國加州有座Eames House，是Eames夫妻從五〇年代起便居住直至過世前的家，現在則是對公眾開放的博物館，裡頭充滿他們的作品、生活痕跡以及Eames Demetrios常說的「好客之道」與「誠實的設計」；我許下願，希望某一年的生日，可以拜訪那個洋溢原汁原味設計靈魂的場所。

復古百靈牌

認真關注百靈（BRAUN）這個名字，約是十多年前有了第一支蘋果手機iPhone3開始，當時蘋果手機才剛問世幾年，挾著所有創新技術革命思維掀起了人類新生活的時代浪潮，這些現在我們再自然不過的手機使用習慣，對當時才開始面對智慧型手機的使用者，iPhone上的每個細節都讓人好奇，值得分析、討論甚至歌頌。

蘋果公司的靈魂人物、前設計總監Jonathan Ive就是經常被稱讚、與天才賈伯斯一樣有分量的名字，是設計雜誌的常客：自蘋果初期Jonathan Ive便毫不藏私地表示，他的風格深受百靈設計總監Dieter Rams啟發，於是，媒體便將兩者比較，做出Braun vs Apple這樣的對比圖表，像是：Braun一九八七年的ET66電子計算機與二〇〇九年iPhone手機的計算機應用程式，Braun T100收音機與Power Mac，Braun T3隨身收音機與Apple iPod，六〇年代的Braun LE1揚聲器與二〇一一年的iMac……在照片對照下，果真看得出Dieter Rams的設計理念，從硬體到使用者介面，貫穿在Jonathan Ive主導的蘋果產品上。

蘋果神話與百靈的關聯

設計迷我立即興起對Braun的好奇，著手研究，一探究竟，才恍然大悟：九〇年代前的Braun是近代工業設計史上的一門主題，粉絲與收藏者眾，便有了要擁有一樣經典百靈牌產品的念頭，而輕巧的4746/AB1隨身鬧鐘是目標。

當時我還沒住在柏林、正在德國旅行，心想它是德國老牌，一定很容易入手。不料卻在遍尋不著原本計畫收購的鬧鐘後，才知道今日百靈早將重心放在刮鬍刀電動牙刷這類小家電上，過去的經典產品早已成收藏者心中的逸品絕響，有些失望。

幾週後，我在德國居家生活選品商店Manufactum巧遇4746/AB1，全新產品，藍綠色紙盒包裝著，不到三十歐元，興奮地買了黑白色各一個；旅行鬧鐘6x6公分正方形尺寸，3.5公分寬，圓形面盤，十分輕巧，黑色款尤其好看，白色時針分針加上黃色秒針，鬧鐘指針前端是綠色，簡單明瞭；有一陣子，我還帶著去了幾次旅行，是出於實用也是為了某種莫名儀式性。

提到百靈，就不能不提Dieter Rams，這位當代設計宗師出生於三〇年代，一九四七年至一九五三年就讀於威斯巴登工藝學校（Werkkunstschule Wiesbaden），一九五五年加入百靈公司設計部門，一九六一年成為百靈首席設計師，一直至一九九五年。

大師的黃金準則

Dieter Rams求學的年代，是包浩斯運動誕生後的二十年，正逢現代主義設計思維成熟成形的時代，他的設計理念與名言「Less, but better」，符合了包浩斯講求不繁複、實用、形隨功能而生的簡約精神，他著名的「Dieter Rams 10 Principles of Good Design」──設計十誡：「好設計是創新的、好設計是實用的、好設計是美感的、好設計讓產品說話、好設計是謙虛的、好設計是誠實的、好設計是耐用持久的、好設計專注細節、好設計關注環境、好設計是極簡的」，在幾十年後的今日看起來，一樣是崇高卻誠實的提醒，是歷久彌新的黃金準則。

Dieter Rams執掌時代的百靈，創造出許多當今被博物館收藏著的經典日用品，像是著名的SK-4唱機，SK-3真空管收音機、FP 35 Super 8投影機、幻燈片機、黑膠唱機、放大機、吹風機……它們平實而美，有著使用者友善的

BRAUN
BRAUN

介面，簡潔俐落的矩形、直線，多數黑白灰色，這些消費性電子產品改變了人們對家用電子產品的感官美學，影響了九〇年代至二十一世紀的工業設計風格。

另一項非百靈牌，也是Dieter Rams招牌之作，是家具品牌Vitsoe的606系統壁櫃，設計於一九六〇年，到現在都是設計圈中人嚮往的夢幻家具。

Dieter Rams今年八十八歲，是我最最想親見本人的偉大人物，他在設計圈的傳奇成就成為展覽「Less and More」，幾年前曾經於倫敦設計博物館、法蘭克福Museum fuer Angewandte Kunstm與舊金山的當代藝術博物館展出；二〇一四年再版的《Less But Better》與二〇一五年出版的《Less and More: The Design Ethos of Dieter Rams》二書，則像是平面的展覽一樣，鉅細靡遺，資料豐富，值得一讀。

二〇一八年美國導演Gary Hustwit拍的紀錄片《Rams》，則是完完全全滿足了我對於大師的崇拜好奇，紀錄片裡Dieter Rams說的每句話都彷如設計教科書，動人啟發，他私人生活的畫面也跟他的設計一樣，有著德意志的簡潔與自律。

穿越時空的美讓人珍惜

現在，一些百靈牌複刻版產品再次問世，鬧鐘、計算機、手錶，已經很容易買得到了；而這十年間，我也從跳蚤市場一些專業賣家手上，還有百靈同好的網站上，收集到我自己的百靈老古董，有好幾款不同的鬧鐘、磨豆子機、咖啡機……

最珍貴的，是一整組音響組合，黑膠唱機、擴大機與兩座喇叭，比起現代數位音樂產品，大得不像話，雖然會讓慧眼識英雄的朋友們驚呼一番，但也占據家中好大一處角落。

偶爾，我會按下那些黃色與綠色的按鈕，放上黑膠，播起有些悶悶的、沙沙的旋律，心想好設計真是神奇，這些半世紀老的家電看起來還是那樣的美。雖然音質不摩登了，或者有些也不能用了，卻也沒有被時間淘汰，人們還是珍惜著，它們會再繼續摩登半個世紀。

包浩斯一百年

自二〇一七年底開始，我在柏林便感覺到一股蠢蠢欲動的氣氛在文化與設計界中醞釀著，是慶祝即將到來的二〇一九年包浩斯運動（Bauhaus）的一百週年。

二〇一七年秋天，柏林知名的包浩斯博物館閉館，宣布要整修兩年至二〇一九年重新開幕，迎接各種紀念活動；隔年三月，我去了世界最大的柏林旅展ITB，在像是世博會般讓人眼花繚亂的展場上驚喜發現，德國兩個人口只有七、八萬的小城——德紹（Dessau）與威瑪（Weimar）也參加其中，推廣著自家旅遊觀光，都將自己的攤位布置成迷你設計博物館，擺上包浩斯代表桌椅燈具、歷史影片照片、甚至將包浩斯資料書籍做為旅遊手冊送給觀眾，顯示著「包浩斯一百週年」在德國，是多麼重要的國家文化軟實力的推廣焦點。

地球另一端的美國亦是如此，早在二〇一七年底，擁有德國之外、最豐富包浩斯收藏的哈佛藝術博物館（Harvard Art Museums），便宣布了兩年後的「The Bauhaus and Harvard」特展。

十四年歷史卻影響整個世紀

一九一九年，德國建築師 Walter Gropius 於威瑪創立了關於建築與藝術的包浩斯學校，是「包浩斯」的起源；一九二五年學校遷至德紹，一九三二年再搬到柏林，而隔年在納粹的政治壓力之下關閉；一所存在世上只有十四年的學校，卻在這一整個世紀、在各種美學領域產生巨大的影響力。

包浩斯學校的宗旨，是聯合藝術家、建築職人與工匠，設計一個理想的新設計；學校強調親手製作，調整高低階級之間、藝術家與工人之間、教師與學生之間的結構，使人類的感官在物質與媒體環境中更敏銳。

身為設計與藝術的愛好者，我總說自己亦是包浩斯精神的信仰者，嚮往著二〇年代的包浩斯理念：設計以人性為出發點，不是為了設計而設計，不追求表面的短暫華麗；設計，是功能與外型兼備，是為了讓藝術與日常生活自然地融合。

同時，包浩斯最初的目標之一，就是能大量生產美麗又實用、價格又能讓大眾負擔得起的產品。今日消費主義掛帥，更與這種樸實的理想精神形成強烈對比。

包浩斯在德國的三重鎮——威瑪、德紹、柏林，分別是學校經歷的三個時期的所在：一九一九年至一九二五年的威瑪時期、一九二五年至一九三二年的德紹時期，和一九三二年至一九三三年的柏林時期，三城見證著包浩斯學校的短暫歲月，卻成為後世全球朝聖包浩斯境場的目的地。我也是其中之一的朝聖者。

三城三時期

威瑪，包浩斯誕生的地方。七年威瑪時期所留下的包浩斯痕跡並不多，只有包浩斯博物館與包浩斯大學兩處；二〇一九年之前的包浩斯博物館建築並不如柏林包浩斯博物館那樣「包浩斯」，從外頭看起來十分普通，裡面有兩百多件各式設計草稿與成品，許多概念性的手稿與模型，解釋著經典之作是如何一步步隨時間演化成作品。從家具、劇場表演到繪畫，也仍找得到二〇年代那些充滿理想的年輕設計師們，對於美好城市與生活，所勾勒出的藍圖痕跡。

二〇一九年德國慶祝包浩斯百年時，威瑪的新包浩斯博物館落成，就顯得非常「包浩斯」了；建築體像是一個白色方形盒子，一共四層樓，裡頭依照時間脈絡展出，比過去的展覽要豐富四、五倍；我迫不及待成為新博物館的第一批拜訪者，花了五、六個小時細細看展，如同讀完一本立體的包浩斯歷史書，滿心充實，打通任督二脈，讓我明白了包浩斯的前因後果。

德紹，是讓我感覺最震撼、最具朝聖氛圍的包浩斯現場。一九二五年包浩斯學校以德紹為基地，在短短五年間發展快速，建立起最多制度、思想與風格，最典型的包浩斯建築也大量被保存在這裡。

站在Gropius大道上、面對掛著Bauhaus字體的包浩斯基金會——最經典的包浩斯建築前，完全被那樣極簡、最潔癖氣質的氣氛給打動，建築物四周線條筆直，明朗整潔，沒有多餘的招牌與色彩，彷彿是座完美模型城市。

建築幾乎全以玻璃為外牆，由左右兩個單位組成，一棟是當初包浩斯學校的教室與辦公室，另一棟則是製作家具、工藝品的工坊。空間裡的每一個

Bauhaus World Heritage Site
21
BAUHAUS
TASCHENBÜCH

元素，從玻璃窗、暖氣、吊燈與家具，幾乎都是一九二六年當時的原版；空間的配置，尤其是當時學生教師聚會場的食堂、講堂，與表演場所的劇場，創辦人Walter Gropius的辦公室……一切都彷彿還原當年；那些歷史上大名鼎鼎的作品如Marcel Breuer設計的鋼管椅，在這棟光影隨時變化的建築物裡是那樣無比和諧自然，從我二十一世紀的眼睛看出，還是前衛。

包浩斯精神不滅

柏林，除了我搭100號公車總經過、造型搶眼的包浩斯博物館（Bauhaus Archiv）之外，更重要的包浩斯延伸，還有幾個建築群，其中，六〇年代落成的集合住宅Le Corbusier Haus與Walter Grupisstadt，是兩位包浩斯元老建築師對於理想公共生活的規劃，簡單、實用，結合大量庭院綠地。

因為「包浩斯一百年」，我有了契機與動力，再次拜訪這些曾經朝聖且喜歡的博物館與場所。雖然今日的包浩斯比較像是一種口號與態度，而非當初實際應用、打破階級的初衷，我遇到的幾位包浩斯大學畢業校友們，也信誓旦旦地說包浩斯已死，但我仍舊被一個世紀前，那群熱情設計青年，對烏托邦社會理想生活型態的嚮往、與身體力行的熱血感動。

包浩斯時期所設計的家具，現在都是博物館級的藝術品，就算在商店內能買得到，無論是 Marcel Breuer 的 Wassily chair，或是隨處可見、真真假假的巴塞隆納躺椅，都不是普羅大眾負擔得起的價格。

不過，就在我寫著這篇包浩斯文章時，才想起我手腕上這只手錶——Junghans 的 Max Bill，也被歸類為包浩斯風格代表之作，而且是負擔得起的設計啊；Max Bill 曾是包浩斯學校的學生，師承 Wassily Kandinsky 與 Paul Klee，被視為將包浩斯精神延伸詮釋極致的創意人，瑞士當代設計史上的重要名字。

這只錶是我的日常伙伴，需要每天手動上鍊，比起我其他幾只辨識度高一些、貴一些的手錶，我更喜歡遇到其他也戴著這只錶的人們，我們不言而喻交換微笑時的那個瞬間，這種不囔囔的默契，也算是一種包浩斯吧。

註 時至二〇二〇年八月，柏林的新包浩斯博物館仍未修建完成，比預期進度落後許多；而德紹的新包浩斯博物館，已成為德國最重要、最被討論的一個了。

Part Four

身體的美感

夏天的身影

冬天一過，歐洲店鋪裡就開始看得見Espadrille草鞋的蹤影了。等到夏至左右，西歐、北歐總算能感受真正的暑氣，這個時候，我喜歡欣賞街上人們的夏日裝扮，不再是灰黑一片，Espadrille也正式登場。

從高級製鞋品牌如Christian Louboutin、中價品牌Tory Burch到連鎖成衣H&M，有機超市與週末市集裡，傳統的或進化版的Espadrille草鞋，是夏季商品架上的成員，經常可見；更別提在法國、西班牙，穿著棉布洋裝、麻質上衣與卡其短褲、裝扮好看的男男女女，他們腳上隨性地踩著的那雙輕便草鞋，Espadrille，真是一種悠閒迷人的夏日衣著風景。

「Espadrille」指的是用棕色草繩編成鞋底，有著布料或帆布鞋身的便鞋，最基本的，是平底，兩只鞋子長得一樣，不分左右，薄薄的棉布鞋身，就像是在腳上套了件棉T恤般輕鬆自在，非常適合夏天氣候；最簡單的草鞋很容易買到，市集架上隨尺寸一字排開，大多是單色的深藍、酒紅、米白色，一雙也只要十來歐元。

雖然價格十分平易近人，但這便宜草鞋可一點也不土氣，我總不時看見把這草鞋穿得很有味道的人們，像是電影《大才雷普利》（*The Talented Mr. Ripley*）裡裘德洛與葛妮絲派特洛那樣的氣質；或者，在夏季號的日本雜誌《Men's NON-NO》裡，搭配功力高強的日本潮男也會是我的Espadrille造型參考。

進化版的Espadrille可就變化多端了。比基本款更講究一些的，就是在鞋底加上橡膠墊，下雨天不會一下子就變得濕答答，而鞋身使用更厚實的棉布，耐穿也不容易變形，也不顯得邋遢。

Espadrille在時裝設計師的手上，就成了楔型的、厚底的、包覆上高級布料、皮料、加上綁帶的、拖鞋式的……雖然造形各式各樣，但只要用了草繩編織的鞋底，就都會被歸類為Espadrille。我看到好些所謂的名牌麂皮草鞋，以及獨立品牌、包裹上柔軟小羊皮的，樸素編織草繩與講究皮質的對比組合，是隨性與優雅的完美平衡，非常美麗，可以是很棒的夏天smart casual look。不過，我還是最鍾情基本款Espadrille，覺得它是鞋櫃裡的必備，同時有個三、五雙，像是日常夥伴，要跟Converse一樣平易近人才對。

迎接陽光的必備儀式

很多人稱Espadrille是法國國民鞋，早在十四世紀就開始製作，也有人說它源自於西班牙與法國交界的巴斯克區，也有一說是西班牙加泰隆尼亞地區的特產；我不確定它究竟源自何方，但在幾次的巴塞隆納（加泰隆尼亞首府）旅行，我一定會到一家叫做LA Manual的草鞋專賣店拜訪，這店裡維持著五〇、六〇年代時期的裝潢，老派舊舊的空間稱不上漂亮，但擺滿整面牆的Espadrille就是最好的裝飾。一旁有幾架縫紉機和幾位縫著布的老太太，工作檯上擺的是亞麻繩與茅草編繩，很有手製工坊的臨場感。另外是馬德里的Casa Hernanz，也是裝滿草鞋的鋪子，琳琅滿目讓人目不暇給，可過足挑鞋子的癮。他們不因為自己是老字號就賣得貴，也因此生意特別好，常擠滿當地人與觀光客。

旅行南歐，一雙草鞋跟一包風乾番茄與橄欖、一瓶紅酒一樣，都是我行囊裡的紀念品；而夏天，套上一雙新草鞋也就是迎接炎熱陽光的必備儀式。

白T恤的樂趣

長久以來，我都在尋找一件完美的白T恤。

白T恤不只是衣櫥裡永遠都少一件的單品，更是日常生活的基本配備。特別在炎熱的夏日，感覺費心裝扮還是會被熾陽高溫融化，多一點層次搭配則嫌得熱，穿來穿去，唯有套上純棉白T恤時的清爽自在，是自己最喜歡的夏天印象。

我的白T恤人生很長很長，起初以為自己是孤獨的白T迷，一直至二〇〇二年作家歐陽應霽出版了《設計私生活》一書，裡頭的一篇〈情迷白T〉，解釋著他的白T史，他寫道：「白T恤，毫不神祕，卻就是這麼神奇」，我彷若尋獲知音，知道原來也有人同時換穿著二、三十件白T，後來跟人談起我的白T主張，居然也找到幾名同好。

永遠少一件的單品

為什麼鍾情這在不少人眼裡像是內衣或只是內搭的基本配件？我認為，白T恤之於人們，甚至是女人，才是那個衣櫥裡永遠都少一件的單品，平凡又偉大的第二層皮膚，沒有性別、年齡、階級、身材與外貌之分，就如同看過千山萬水的設計，最後心領神會less is more的真髓。

剪裁好、質感佳的白T恤是一輩子的生活良伴；春天，白T恤搭上柔軟棉裙，再踩著芭蕾舞鞋，以溫柔姿態進入季節；夏天，白T恤、牛仔短褲、夾腳拖鞋和一串項鍊或太陽眼鏡，就是海邊過暑假的樣子；秋天，白T恤、窄版丹寧褲、一條溫暖的喀什米爾圍巾或一件皮夾克，在微涼季節裡創造率

性的美麗；冬天，白T恤是純白畫布，儘管加上各種單品與色彩來保暖，開襟羊毛衫或針織外套再加上大外套……白T恤，可以有千百種組合，帥氣、休閒、正式、女性化的、漂亮、優雅、柔軟、搖滾的……

白T恤服裝史

以服裝史角度來欣賞白T恤，看得見在許多經典造型與名人形象中，它是占了重要一席之地。

五〇年代，二十多歲的偶像詹姆斯狄恩（James Dean）穿著白T恤與牛仔褲的率性，到現在過了半世紀仍被視為標竿；又或者七〇年代，時尚謬斯、英國女星Jane Birkin的白T恤加上喇叭褲的模樣，至今仍是一種介於性感與清純的少女形象代表。

當今設計圈中人也有一批白T擁護者，不少知名設計師們總是一派自然的白T恤與球鞋，這是當下服裝圈正紅的一詞「normcore」——反璞歸真風格。

尋尋覓覓優質白T的過程像是一場設計與服裝的旅程，彷彿見證著一段近代二、三十年的服裝工業發展。大學時代，白T大多來自Esprit、Gap、Benetton，請朋友從美國帶來的，會是Banana Republic或Hanes；歐陽應霽書中寫的港產成衣Giordano或Bossini，白T通常是男裝系列，兩件一組，價格可親，穿上身也舒適。我曾體驗過傳統市場裡，台灣產、內衣般的白T，也曾在香港的裕華百貨內找到行家推薦的菊花牌白T，品質意外地好；而講究一點時則會選擇Calvin Klein……

我對白T恤最高熱情的表現，就在於多年前，請了任職服裝公司的妹妹幫忙一口氣製作了兩百件版型、質材都符合我心中標準的T恤，讓我滿足地穿著白T度過了每個季節、每一種造型，好幾年。

白T要穿得精神不顯邋遢，要清新氣質而不顯不夠正式，質料是關鍵；帶點厚度的純棉最佳（Uniqlo U系列的T恤就是，COS的也很棒），也要符合體態。太貼身露出曲線的，則營造不出那種氣質；而單薄寬鬆，則容易落入內衣睡衣感，難登大雅之堂。

相較其他單品，白T恤唯一的缺點便是它帶點消耗品的意味，在一定時間的使用與洗滌後，便會失去那嶄新潔白所帶來「很有精神」的硬朗與光彩，這也就是淘汰的時候了。

fast fashion快時尚當道，以價錢、質料與版型來說，好看白T都更容易取得了，「補貨」再也不是難事。但每次添購新白T，套上那雪白柔軟的雀躍之餘，我也會有一絲罪惡感，心想，執著如此「清潔感」之美的代價，果然還是有點不夠環保啊。

帽子的戲法

再看了電影《大亨小傳》（*The Great Gatsby*）一次，那場黛西到蓋茲比豪宅裡作客的劇情——蓋茲比展示他的各種材質、顏色、一疊一疊的訂製襯衫，頑皮地將這些漂亮的布料從樓上衣櫃往下拋，耀眼地飛到黛西手裡，她忽然情緒化地掉了淚，說：「我從沒見過這麼美麗的襯衫啊。」

我的目光都放在螢幕上蓋茲比的服裝與配件，還有他的住宅裝潢，心想，蓋茲比若是這個時代的真實人物，無疑會是最懂買、最會穿的男性品味意見領袖，社交媒體上的網紅人物；有一幕他頂著平頂草帽，身著灰米色條紋西裝，駕著敞篷車飆車的畫面，帥得不得了。我想起七〇年代、勞伯瑞福版本的蓋茲比，他也是頭戴巴拿馬草帽的——這個造型，是我初次對費茲傑羅筆下的這位傳奇角色留下的立體形象。

我是個戴帽子的女生，在朋友圈中算是擁有不少帽子、且幾乎日日戴帽出門的那一個；穿戴帽子十多年，自然而然培養出一套帽子心得，像是，無論帽子價格高低，無名或高級，我買帽子時一定不厭其煩反覆試戴，即使早已很清楚自己的頭圍尺寸，知道什麼款式適合自己的臉型與風格，但帽子用眼睛看著、與親身戴著的，通常出入甚大，就算是同一品牌、同一個款式、同一個尺寸，也可能因為製造過程中蒸氣壓製的些微角度差異，而在頭上臉上創造出不同的樣子；製作帽子是手工的感性成果，不是科學計算後的制式樣版，也因此，找到命中註定的那頂百分之百帽子得靠緣分與耐心。

「Fedora」——寬帽沿的紳士帽，是最適合、戴起來也感覺最自在的款式，它的帽冠（Crown，帽子頂部）中間是凹進去的，凹的深度、弧度，一至兩公分的差異就會讓你看起來很不一樣。連接帽沿的部位有著與帽子同色系的緞帶裝飾，緞帶的寬度差異雖小，但亦能帶來風格上的不同。我不偏好上頭裝飾有品牌名稱，喜歡緞帶偏細的。

帽沿（brim）的寬度、微微上揚的弧度、邊緣是柔軟或硬挺，都是關鍵，能不能修飾臉型、戴起來是加分或扣分，優雅、正式、女性化……帽沿都是關鍵的決定因素。

純正羊毛製成的Fedora，是我冬天的每日必備，既為笨重的冬日造型加分，也很保暖。

平時不怎麼打扮的時候，Fedora也會讓你看起來有型；夏天太熱戴不住Fedora，形式類似的巴拿馬草帽（Panama）就是完美的頂上風景了。

巴拿馬帽是學問

巴拿馬帽學問多，作家彼得．梅爾在《有關品味》中有個篇章，講述他

在倫敦買「一頂一千英鎊的巴拿馬草帽」的故事（題外話一下，這本書是我的最愛，梅爾以幽默聰明筆調，寫著上流社會人士的昂貴享樂之道，沒有炫耀與階級傲慢，倒是讓閱讀者開了眼界並對類似的樂趣感同身受）是這樣開場的：「真正頂級巴拿馬草帽有諸多教人愛不釋手的特色，其中一項便是其柔韌程度教人嘆為觀止，你可以把它對折再捲成一個小球，小到可以穿過結婚戒指；雖然你可以不怎麼願意常常表演這招餘興魔術，但你還真的可以把巴拿馬草帽塞進細長筒子裡帶著四處旅行，之後再展開來時，也不會留下一絲折痕。」

巴拿馬草帽並非出自巴拿馬，而是厄瓜多，由當地Toquilla草莖纖維編織而成，是一項聯合國非物質遺產名錄中的珍貴傳統工藝。

關於巴拿馬草帽的歷史、傳奇、工藝與學問，深厚可成辭典，在厄瓜多就有幾家專門的博物館。

我的幾頂巴拿馬草帽和相關知識，都是從朋友Diego那邊來的，Diego

是詩人、畫家，來自厄瓜多，出過詩集，辦過畫展，是位溫文儒雅的正牌文藝中年。就像許多住在柏林的藝術家，他也有一份副業——一個巴拿馬草帽品牌的老闆，集三種我感興趣的身分於一身。

我的厄瓜多朋友

我從未曾去厄瓜多旅行，但非常嚮往；一次，Diego領著我們到他的工作室，一半是充滿草稿與色彩的畫室，另一半是收藏草帽的獨立大空間，很是behind the scene氣氛；我想起書中寫的「將柔軟草帽捲成小球穿過戒指」，於是要Diego拿出他最好的帽子捲給我看；他拾起一頂織得細密、很淡的米黃色、閃耀著微微光澤的帽子，我拿在手上，明顯感受到帽沿的輕盈柔軟，只見他先用化妝水大小的噴頭在帽子上噴些水霧，將帽冠由內向外收起，讓帽子成了三角形，然後慢慢由側面捲起來，一下子就收成一圈，雖不至於能穿過戒指，但可放進他小小的畫桶中；常戴著帽子上飛機卻不知道拿下帽子後該放哪兒好的我，驚喜終於找到解決之道。

Diego解釋，「纖維是有生命的，有些濕度比較不傷害纖維，但也別捲太久，這不是理想的收納方式，下了飛機後就把帽子拿出來，噴點水，理一理，型又會回來了，不過，『捲』，只限於等級高的帽子，編織不夠緊密、材質不夠好，根本禁不起這樣做捲，一捲就把草折斷了。」

我問：「我是門外漢，那什麼才叫做好呢？」

他回答，「簡單判斷，編織細度若在一公釐以下，算是品質不錯的，最高級的，可是緊密到水都透不過去，這種等級在厄瓜多當地應該要一千歐元以上，賣到歐美，就差不多要三千歐元了。」

Diego倒不獨沽一味只主張最高級（Fino等級），自己戴著的那頂約莫六百歐元，戴了十來年，看得出時光的痕跡，卻非常溫潤優美，也毫無損傷，像是沾染了主人的氣質。他常說，若有日真要買最好的，找到機會就到厄瓜多去吧，就像訂製西裝，高級帽子工坊也能量身編織一頂專屬於你的完美帽子。

我曾向他買過一頂等級稍好的帽子，時常配戴非常喜歡，不過偶爾的捲與收納都太隨便，兩年後讓帽子上裂了一處，但無損我對它的使用與愛。

最近櫃子裡添了個巴拿馬帽新成員，從厄瓜多第三大城Cuenca、被裝在方正的盒子裡手提飛回來，帽子內部印著淺淺的品牌印章，附上一張證書，在興致盎然研究它身世的同時，我想著也要把新帽子，戴成Diego那頂那樣的溫柔光輝。

衣櫥裡的旅行

風靡全球的斷捨離專家近藤麻理惠說，決定要不要丟掉一件東西時，用「碰觸時是否怦然心動」為準則；我喜歡「怦然心動」四字，也喜歡英文以spark joy形容這種感覺，然而，面對著好多年沒認真整理過的衣櫥時，這個抽象方法顯然在固執的我身上起不了作用。

我意識到自己想告別的，並不是那些最老最舊的衣服，也不是不再怦然心動的，而是出自fast fashicn快時尚品牌商店裡的，因為，它們沒有為我帶來深刻回憶。

「低成本的東西，容易衝動購買，也容易丟棄」，道德購物者們，包括今日的我自己都會理直氣壯如此宣示：但低成本在我的定義裡，還有更深一層的意味——不是價格上的低，而更是時間與情感上的。

梳理衣櫥的過程中，回想過去自己也有段流連在Zara、H&M裡挖寶的愉快時光，沒有店員的關注與服務，心情上輕鬆許多。但正也因如此，經過時間沉澱後，才知道這些衣服與我的情感連結是那樣微小：太容易獲得，我也對這些服飾背後的想法一無所知。買下這些服飾時，我不用跟任何人互動、討論。

那些不想告別的，背後則都承載著一段特別記憶：例如，收拾到一件早已不穿、也穿不下的agnès b.短裙，捧在手上並不spark joy，卻彷彿是打開某段旅程的鑰匙，一段舊日時光洶湧而上。

九〇年代，在許多台灣的cool kids眼裡，小寫b與蜥蜴標誌的法國品牌agnès b，又有態度又酷，能擁有件logo T恤應該是當時的Must：同時間的香港時髦小資群中，穿agnès b也是流行象徵。在著名時裝作者黎堅慧的《時裝時刻》一書中，她就放了一張與作家林奕華兩人身穿agnès b的老照片。

現在想來好笑，卻是當年的神聖使命：二十多年前，第一次旅行巴黎，我那時是青澀大學生，除了羅浮宮與鐵塔，還將agnès b當做一處景點，心心念念著要去帶一件什麼回來。

來到Rue du Jour的三號，這是agnès b的第一家店，自一九七五年就在這兒了，對面是座教堂，向前走幾步的六號還有另一間。這個男裝女裝童裝皆有的角落，洋溢著幻想中的agnès b氣氛，像是處小小agnès b王國；我仔仔細細如朝聖般看過每個商品，挑了條藍白條紋裙子，是嚮往的法國風格，也是大學生能買得起的少數之一。付了幾百法郎，心滿意足得不得了。

agnès b 在二〇〇一年來到台灣，經常出現在藝術相關的場合裡。在我們追逐的金馬影展上，手冊與海報都印著它的招牌logo。這位強調旅行、音樂、電影、藝術的服裝設計師，得到了我輩中人的認同與擁護；我常因為拿到agnès b的電影海報而歡心（至今還珍惜著《千禧曼波》那一張），也曾收到 agnès b 製作的旅遊小書——冰島與阿根廷；在二〇〇〇年至二〇一〇年的那個十年，兩個仍顯陌生的目的地，在一個服裝品牌的介紹下，顯得夢幻又清晰。

不過，就在這個服裝帝國豐盛壯大的同時，我們卻漸漸不再迷戀 agnès b，就像有些褪色青春記憶，不知為何就淡去；品牌故事裡總提到，「這是個法國人的國民品牌」，可在日本人、台灣人的追捧愛護之下，我倒覺得更像是個東洋的國民品牌。

它不再神祕遙遠，而我的品味也往下一個階段前進了。

老朋友般熟悉回憶

重新與 agnès b 對上頻道，是二〇一七年的夏天。旅行至普羅旺斯的我，拜訪了亞維農 Collection Lambert 博物館裡的 agnès b 收藏展，是個有四百多件

作品、從雕塑到攝影的難得大展；久聞這位設計師的收藏家身分，但走進她的收集世界裡，仍讓一切都更清晰了起來。看著她的Anselm Kieffer、Keith Haring、Basquiat和大量的非洲攝影，我不再是粉絲，反倒像是朋友般，居然有了共鳴。收藏是個人品味的反映，從一整間展示著她的非洲藝術收藏中，我看到了agnès b對異國文化的關注，對非洲藝術家的愛與支持；這比電影海報上的logo，或雜誌上寫著的設計理念，都更有力地讓我再次愛上這位女性。

旅行下一站是艾克斯普羅旺斯市（Aix-en-Provence），這次，我走進久違的agnès b店鋪裡，帶著對老朋友般更深一層的認識，想要再欣賞、觸摸她的衣服。

兩位親切如南法陽光的女店員要我試試衣服，笑容滿面，讓人一點也不感覺到壓力。而套上品牌經典的開襟小外套時（Le cardigan pression）時，一種闊別已久的想念油然而生，舒服熟悉。我想起日文服裝雜誌永遠不厭其煩地強調著「定番款」的必要性，「原來，這就是基本款帶來的信賴與自在啊。」

更適合現在我的身型與氣質的，是開襟棉外套的變化版「Cardigan Pression Rosana」，十四顆釦子，剪裁較為合身修長，袖口也以釦子裝飾。當我在習慣的黑色與紅色之間猶豫不決時，店裡頭的所有法國女人異口同聲一致指向紅色，我也被說服了——明亮顏色的確照耀出臉部光彩。

搭著白T恤與牛仔褲，套著這件內襯棉絨、適合初秋氣溫的棉質agnès b時，才注意到原來這件誕生於一九七九年、有著各種版本、材質的外套，二○一九年才慶祝了四十歲的生日呢。

到最後，整理衣櫥像是翻閱過去的旅行日記，不再糾結，反倒是有點浪漫與懷舊（nostalgia）。

冬天，我與喀什米爾

記不得是什麼時候認識Cashmere這個詞，但仍能回憶起第一次、有意識地感受它在肌膚上帶來的神奇觸感，柔軟像是雲朵般，輕薄蓬鬆，舒服滑順，像是被微風吹拂過的感覺；Cashmere的美妙滋味讓年少的我，從手掌到胸口溫暖地微微振動著。那時的我許下天真的願望，希望未來每一件冬衣都要是Cashmere。

Cashmere，喀什米爾，羊絨，來自Cashmere山羊與其他種山羊脖子與肚子的柔軟觸感，比一般羊毛更纖細精緻，保暖輕巧，絲毫不扎肌膚，為服裝造型帶來質感，是一種讓人上癮的天然材質。過去，純正的Cashmere被視為珍貴豪華的質料，是有距離感的精品形象。我曾經以為Cashmere多是義大利或英國來的，而事實上中國、蒙古、印度與中亞，才是最大產區。

柏林的冬天又冷又長，我沒有一日不是套著Cashmere毛衣。外出時，會連著穿上兩件才覺安心，可能是一件單色毛衣搭配Cardigan開襟衫，或是薄一點的Cashmere再加上另一件厚一些的，然後再套上大外套，如此便足夠暖呼呼地出門；我還未對羽絨衣妥協，這是我體面輕盈的保暖之道。

現在，我擁有了不少喀什米爾毛衣、圍巾與配件，仍執迷持續地尋找理想的、負擔得起的、可以陪伴一生的基本款。

例如，每個冬季，我都圍著第一次買給自己的那條百分之百Cashmere黑色長圍巾，有近二十年的歲月了吧，圍巾已略為變形，上頭的標籤早已掉落，也修補過，但依舊非常舒適，和煦包裹著我的脖子；記得當時大學剛畢業，要花上幾分之一的薪水去買條圍巾，還有點猶豫不決，但現在回過頭看，真是再值得不過。

老喀什米爾值得好好保存

自從二〇〇五年左右 fast fashion 席捲服裝產業，改變了人們穿衣購衣的習慣後，喀什米爾也彷彿落入凡間，迅速普及了起來，在快時尚品牌旗下可用平易近人的價格買到 100% Cashmere。

然而，就算是都是 100% Cashmere，不同品牌也有天差地別的價格與用料；我曾與服裝設計師朋友討論過喀什米爾，明白產業生態的她為我解釋，為何當今許多喀什米爾毛衣容易起毛球的原因：由於快時尚的大量生產與低價政策，改變了服裝工業，也改變了背後的原料供應結構鏈。其中，羊毛因為收成量加大，採收時間與狀態跟著變短變快，便影響了後來的原料、成品；即便高級品牌的喀什米爾，當今能採購到的原料，品質可能都不如過往……「衣櫥裡的那些老喀什米爾，記得好好留著！」她說。

義大利 Loro Piana 與 Brunello Cucinelli 是頂級喀什米爾的代表，取最豐潤的山羊細緻毛髮，精巧梳理，紡織成紗線，再製成衣物，不只是手感滑嫩，甚至只憑視覺都看得出其光澤與貴氣，不過，翻開價格標籤上頭的數字，也只能不捨放下。

我曾經好運氣趁著打折時在義大利買到一件漂亮的Cucinelli喀什米爾，毛質與色澤綿密，厚實輕盈，做工精緻，過了好多年仍然嶄新，一點也不長毛球，我十分鍾愛珍惜著，也驗證了名家傳奇。

蘇格蘭老牌Johnstons of Elgin與法國的Eric Bompard是折扣期間值得速速下手的高品質喀什米爾。我有一條前者的喀什米爾圍巾，以最細的紗線編織而成，又薄又輕，一大條折起來就能塞進外套大口袋裡，是夏天也能穿搭的好物；後者有豐富的色彩選擇與變化性的設計，時髦感多一些，到巴黎記得去看看。

平價品牌如Muji、Uniqlo、Zara也出品不少喀什米爾，其中，我會推薦Massimo Dutti與COS的喀什米爾毛衣，大約是一百三十歐元上下，將價格

LAUREN
RALPH LAUREN
100% Cashmere

與其品質、設計相較起來，是物超所值的好選擇。

心愛的物件足以超越時間

一般羊毛衫或喀什米爾上偶爾會有蟲蛀小洞，五年前我找到一位手藝高明的師傅，把有洞的毛衣全送去修補，之後又像是新的一樣重回我的懷抱，大為欣喜。每過幾季，我也會以專用的洗衣乳或洗髮精手洗，毛衣又會再度鬆軟起來。

在喧嚷的消費世界裡，我對每季都上演的「本季值得擁有」流行清單視而不見，而更願意投資在一件講究的 Cashmere 上。一件好毛衣，會陪著你度過好多個秋天冬天，超越流行與時間，更重要的是，以謹慎態度對待著心愛的物件，悠長地使用，你賦予它更高的價值，它也會為你帶來沉澱後的成熟品味。

最愛白襯衫

每每見到將白襯衫穿得風格十足的人們，無論男女，無論在哪個城市的大街上或咖啡館裡，他們總會吸引我，忍不住多看幾眼行注目禮。

白襯衫是衣櫥裡再平常不過的基本款，是適合所有人的服裝樣式。可以正式或隨性，可以讓人清新、清純、專業、知性、嚴謹或書卷氣；微妙的是，穿著白襯衫的人們還得具備一絲絲神奇的氣質與charisma（魅力），才能讓白襯衫閃閃發光，感性又性感；那與美醜高矮倒沒有絕對關係，反而是個人特質與散發出的頻率，和舉手投足間的態度。

從Google Photo裡找白襯衫，你會驚訝於白襯衫在歷史上創造出如此多的經典形象。從紅唇金髮的性感瑪麗蓮夢露到清新優雅的奧戴麗赫本，從英國的紳士筆挺風格到東洋的極簡主義，還有時尚攝影師鏡頭下只穿著白襯衫、素著臉，卻美麗極了的模特兒們（是的，我是在說攝影師Peter Lindbergh那張經典照片「The Birth of the Supermodel」），更別提白襯衫加牛仔褲——兩個最基本的單品組合、創造出的千百種好看look。

雖說白襯衫是屬於每個人的單品，但白襯衫的背後也曾經象徵著階級；二十世紀初開始的「白領」（white-collar）一詞，形容的便是穿著白襯衫在辦公室裡上班的專業人士，對比的正是付出勞力的藍領階級（blue-collar）工作者。一個世紀過去，白襯衫不再是任何族群的專利，倒是所有設計師用來大做文章大展創意的目標。也因此，我們會記得極簡大師Jil Sander那毫無綴飾、俐落精準剪裁的白襯衫，或者是Yohji Yamamoto哲學詩意的白色立體藝術品。

日本人是白襯衫的擁護者，他們獨有的清潔感與白襯衫相得益彰，恰到

Hans Fugmann
den
134

好處詮釋著白襯衫的「無垢感」性格。無論性別或年紀，簡單的白襯衫搭配米棕色卡其褲就是絕對不出錯的造型，另外添加的配件便端看個人的穿搭功力與風格。

在日本國民品牌Uniqlo與MUJI裡，白襯衫每季從不缺席，仔細探究，在不變中又有些改變，版型寬一點或窄一點，長一點或短一點，細薄純棉或厚實一些的牛津襯布，或是帶著夏日普羅旺斯氣息的痲質白襯衫，不同形式的領子或立領……當你不知道怎麼選擇白襯衫，找他們的基本款肯定安全。

以時間打磨風格

從有意識的在服裝上琢磨至今，時間已超過人生三分之二，服裝史在二十多年間不停改變，而我也在一次次尋覓與嘗試，彷如trial and error的過程中，淬鍊與沉澱，找到最適合自己、感覺自在、最有自信的樣子。定了型，就再也不輕易冒險移情別戀。其中，是穿著白襯衫的自己。

套上硬挺棉質襯衫讓我精神十足，是抖擻打開一日的好方法；白色也能讓皮膚顯得光輝明亮。過往我最愛的一身神祕黑衣（假裝自己是設計師），會讓現在熬夜、過了青春期的臉更顯黯淡疲倦。由於不是朝九晚五上班族，我的白襯衫不走幹練路線，而是帶點獨特細節與小創意的那些，像是圓領、別緻的釦子、不對襯剪裁、有點解構、長得可當洋裝的、可率性捲起袖子的……我最喜歡的一件，是手臂到腋下開口、有點搞怪的；雖然七八成時間穿白衫，我從不覺得無聊。

與其他所有白色衣服、白色物件、白色空間一樣，這是個需要小心呵護的顏色；一旦染上污垢，發黃、皺摺，便會失去那嶄新白襯衫所帶來的朝氣與光芒。也因此，讓專業洗衣店照顧你心愛的白襯衫，成了得額外付出心力的代價。

因為沒有顏色與印花，白襯衫的質感便顯得分外重要，穿出優雅與好品味的關鍵莫過於此；不需要昂貴品牌，但一定得雪白無瑕，才不辜負白襯衫的意義。

Less is more的哲學也驗證在白襯衫上，幾件好的白襯衫將足以陪著你參加各種場合，會永不褪流行地與你度過快速變化的潮流。它簡約，卻不簡單，因為它的淡、白，不喧賓奪主，更能襯托出穿著者的表情及強烈個性。

芭蕾舞鞋女孩

天氣一暖和，便迫不及待要把厚重毛襪靴子收起來，解放一下悶了整個冬天的雙腳。倒不是皮膚身體受夠了被拘束的滋味，更多還有心理上那種想要舒展開來的躍躍欲試。這時候，我最想套上小羊皮製的、柔綿綿、甚至有點鬆垮，鞋面打個纖細小小蝴蝶結的芭蕾舞平底鞋；它輕快的模樣，最適合陽光綠意的季節了。

在平底皮鞋世界裡，經典款式像是Oxford牛津鞋、Brogue 雕花牛津鞋、Loafer樂福鞋，都是由紳士開始，漸漸進化成為不分性別男女共用的設計。唯有芭蕾舞鞋Ballerinas，專屬於女性，形象鮮明。

一直是此類平底鞋的忠誠擁護者，算不清到底有多少雙、幾種顏色，在我生命中來來去去。最值得用以證明我對芭蕾舞鞋的愛與依賴程度、並值得說嘴的那雙，是三十一歲那年夏天，在歐洲整整兩個月的一趟自助旅行。

為了挑戰極簡行李與波希米亞背包客的精神與能耐（那也是我最後一次背著大背包了），我只帶了一雙黑色芭蕾舞鞋，每天穿著，連續六十幾天；它很好走，之於從早走到晚的旅行者，真是沒什麼好埋怨。不打腳不痠痛，樣子也能登大雅之堂，出入美術館精品店，上好一點的館子，也沒覺得自己邋遢失禮過。

最重要的是，它與所有裝扮相稱。無論是褲子或洋裝，休閒或優雅，皆能搭配。

南征北討大旅行結束後，鞋子當然被折騰得不像話。回家前，我在戴高樂機場裡慎重地把這雙鞋送進垃圾桶，換上前一日買的新鞋，像是告別，完成儀式，又一個新旅程開始。

仙氣十足又可愛

論舒適，芭蕾舞鞋肯定比不上當今勢如破竹的運動鞋，也比不上符合足底曲線、有點醜有點grunge、近年卻也變成話題十足時尚必備的Birkenstock柏肯鞋（多謝Celine在二〇一三年以其為靈感設計了一雙涼鞋，自此之後它有了新形象，這種寬大笨重的涼鞋走向時裝舞台，潮流人士追捧；其實，生活德國多年，我也潛移默化地覺得這國民品牌還滿好看的）。

可，芭蕾舞鞋的魅力，在於它獨特的氣質；無論誰穿都能營造一絲女孩的慵懶情調；特別是冠上芭蕾之名。大家都嚮往舞者修長身型優美姿態，雖然我們跳不了天鵝湖，但把像舞者們平時穿著的Soft Shoes套在雙足上，彷彿也感染了那股細膩。

芭蕾舞鞋之於亞洲人的我們，整體造型上其實並無隱惡揚善的效果，它太平坦，無法修飾雙腿，有的甚至只有薄薄0.5公分一層底，穿起來讓腿顯得更粗壯。理性上說來，只有那種有雙大長腿的女孩才能毫不費力地、穿著短裙駕馭這樣很純粹的鞋子；可是，我從未移情別戀，也注意到日本女孩比歐洲女孩更是這超級平底鞋的忠實信仰者，同好者眾。

Ballerina鞋型在許多品牌都見得著，像是Chanel知名的Two-tone Ballerina或Ferragamo的Varina，兩者皆是經典；幾個Ballerina專門品牌，來自英、美、法國、西班牙，更受到芭蕾舞鞋支持者的喜愛，提起正宗，由傳統舞鞋起家的正統派，莫過於來自巴黎的Repetto了。

Repetto是世上名氣最大的芭蕾舞鞋品牌，過去二十多年也很積極往國際推廣，變成不分國籍不分年齡女孩們心裡一個仙氣十足的名字。

創立於一九四七年，不斷流傳的品牌故事裡，提到創辦人Rose Repetto的編舞家兒子Roland Petit回家後抱怨因為練習而痠痛的雙腳（Roland Petit後來也成為世界知名的人物），母親心疼少年舞者，而製作出舒適的舞鞋，是為品牌起源；自此之後，Repetto不只為巴黎歌劇院裡的舞者製作鞋子，也

E PORSELLI
E PORSELLI
E PORSELLI
E PORSELLI

幫舞蹈品牌供貨；一九五九年，在歌劇院旁的Rue de la Paix上開了店面，至今仍是品牌最重要的門面。

讓Repetto正式走上時尚舞台的是Cendrillon，這是創辦人在一九五六年應當時法國最紅的女演員Brigitte Bardot之邀，為她特別設計的款式，性感小貓穿著七分褲搭配鮮紅Cendrillon的造型，自此之後成為一種新作風。

輕巧無比，適合旅行

我亦是Cendrillon愛用者，深藍、淺紅色與黑，基本顏色換著穿，容易搭配；經常穿著牛仔褲的我，喜歡芭蕾舞鞋那種有點惹人憐愛、女性化的樣子，中和了丹寧布的帥氣獷味。在巴黎時，若到歌劇院附近，一定繞進Repetto老店裡看看，不見得買鞋，而是比起各地的專櫃，這個空間充滿浪漫芭蕾氣氛，仍舊銷售舞者用的舞衣配件；我想起小時候陪著念舞蹈系的堂姊，到西門町的老派舞蹈社裡買舞蹈用品的往昔回憶，但那些店鋪毫無情調，只是道具專門店式的堆疊。反倒是Repetto真的圓滿了我對芭蕾舞的綺麗幻想。

另一個更得我心的，是義大利的Porselli，對比其他品牌，它顯得名不見經傳，我卻因為它小眾低調而更加欣賞；背景跟Repetto有點相似，出身米蘭的Porselli從二〇年代便為史卡拉歌劇院裡的舞者製作鞋子，至今劇院附近也有家很小的店鋪，鮮有觀光客。

它的設計更極端了，不分左右腳，內裡襯著棉布，薄得不能再薄的羊皮鞋底，像是赤足踩在地面那樣，有人迷戀這種毫無修飾的感受——如插畫家暨時裝部落客葛蘭絲．朵荷（Garance Doré）就在她的《愛呀美啊人生哪》（*Love Style Life*）書中，提到最愛的平底鞋就是它，「因為最符合我的腳型」，她這樣說。現在的多數人，則因為太習慣球鞋的舒適，而讓它顯得不夠友善。

也正因為它的輕薄，足跡與時間的痕跡都清晰地留在表面，像是記錄了旅途，而且輕巧無比，放進手袋與行李裡幾乎無感，是適合跟著一起上路的伙伴。

就像是音樂家的變奏曲一樣，芭蕾舞鞋有各式各樣的Variation，各種穿著面貌。每個人欣賞一雙鞋的角度不同，所以裝扮的世界才這麼有趣。之於我，芭蕾舞鞋最棒的，是自由的感受。

穿風衣的季節

夏天在一瞬間告別了，白天十五、十六度的氣溫，正是套上風衣的時候。

我有十幾件風衣，長的短的，硬挺的或柔軟的，各種顏色，就算是厚實毛料的冬日大衣，也多是風衣樣式；在已經找到最適合自己樣子的「人生品味穩定期」，我知道套上風衣的自己是神采奕奕有點帥氣，而且舒服自在。

風衣，最初是十八世紀末由英國人Thomas Burberry發明了緊密編織的斜紋布料Gabardine，不易透風透水，成為當時冬日禦寒聖品；一次世界大戰期間，以Gabardine布料製成的風衣成了軍裝外套，Trench Coat一詞（Trench意思為「戰壕」）也因此而來。

英倫兩大品牌Burberry與Aquascutum是當時製造這種防水軍裝外套的兩大名家，各自也都聲稱是風衣的發明者，不過，後來顯然是前者的名氣響亮得多。

戰後，風衣成為一般平民也穿上身的服裝，出現在電影裡、明星身上，最終演變成今日的經典；名人把風衣穿得優雅魅力的例子多不勝數，六〇、七〇年代的亞蘭德倫與碧姬芭杜，還有那個奧黛麗赫本身著風衣走在塞納河畔的畫面，氣質得讓人目眩神迷。

一件產品、一件衣服能永垂不朽，背後必定有其創新設計道理，仔細研究風衣上的幾處剪裁，才發現百年前的from follows function，正是成就今日風格的關鍵，像是：肩章設計來自軍隊制服上的肩章，能用來固定手套口哨；胸前多出的一片布料，作為擋風片，是為了緩衝開槍時的後座力；從肩到背後多的一塊布是為擋雨用，讓大雨時不至於淋濕整個背部，從側面看也修飾身型；還有腰帶上的金屬環，則是為了讓士兵掛東西。

任何人都可依照預算與體型，找到恰當心儀的那一件。不過，若要說風衣大國，我倒覺得日本才是把風衣完美演繹發揚光大的國度；尤其在東京，若在下班時的東京街頭仔細端詳，會注意到有超過一半的上班族都在西裝或套裝外再套上了風衣，無論男女，就像《東京愛情故事》裡的完治與莉香。

打開日文時尚與生活雜誌，「風衣大特集」也是人氣企劃，無論是《Popeye》裡的高瘦少年套著寬大Aquascutum加上球鞋，《Spur》裡時髦OL的一週風衣look，或是《Fudge》裡的英倫或巴黎少女，我都好佩服他們將風衣的神髓詮釋得淋漓盡致，一件外套卻是千變萬化風貌。

一件外套，變化萬千

在這個風衣文化成熟的市場，也容易找到各款適合不同體型的風衣，幾乎所有日本服裝品牌都推出自家的風衣；我買過幾件非常滿意的戰利品，其中之一出自少女品牌，才一萬五千日幣，質料、剪裁、挺拔的樣子都上乘，超過另一件七萬日幣的，這件風衣為我贏得許多稱讚。

日本作家光野桃在《打扮的基礎》裡說，「風衣之所以受到愛戴，是因為它很好搭配。無論什麼人穿上，都有不同的特色，而且只要套上風衣，自然會散發出一股帥氣，這就是『制服』擁有的絕對性條件；不過，正因為如此，也會抹煞掉每個人的個性。難得買了風衣來搭配，卻變成打扮平庸的人，我看了很多這樣的例子，也為那些人感到可惜。」這段話很是提醒，現在我也明白其道理。

風衣背負著「時髦」與「經典」的使命，鑲上光環，身邊許多朋友早早下手買了權威的 Burberry，但也有人被其高價所卻步，仍心心念念著；我自己倒有好幾件老 Burberry，歐洲二手店裡經常有它們的蹤跡，款式與數量都很豐富；老 Burberry 較為寬大，只要不停地試穿，總有一天會找到命中註定的那一件。

略微鬆垮的復古版型穿起來非常好看，我覺得甚至比嶄新的更迷人；我的衣櫥裡有一件圓肩、沒有肩章，長及小腿肚的，據說是八〇年代的版型，非常喜歡用它搭配Converse球鞋與牛仔褲，有種復古瀟灑調調；有時候，我找到條件極佳老Burberry，但尺寸美中不足，我便會託付給裁縫師朋友直子。直子畢業於東京的服裝學校，技術與眼光都高明，她會大刀闊斧地將整件風衣拆開，再修改成專屬於我的外套，讓我滿足於裝扮又不大傷荷包。因為她，我的老風衣之路持續進行中。

說到風衣，不能不提另一個珍品Mackintosh；比起Trench Coat，它更像是Raincoat，早在一八二三年就創立，它在兩層棉中間加入橡膠質材的專利布料，完全防水；很喜歡這種材質在身上有點硬梆梆、那種立體的穿著感受，雖然從來捨不得將我的海軍藍Mackintosh當成實用的雨衣穿，但一個如此老字號，又未受當今購物潮影響太深而換了樣子的品牌，它的小眾氣質實在深得我心，甘願消費。

在風格書《The New Garconne》裡，前時尚雜誌編輯的作者Navaz Batliwalla也提到風衣這個基本款中的基本款，她推薦了以下品牌：Margaret Howell，A.P.C.，Agnes b，Paul Smith，這幾個名字，亦是我所傾心。

Margaret Howell 給我變老的勇氣

如果問我可以天天穿著哪位設計師的衣服而不厭倦？哪一種樣貌是理想生活風景？我會毫不猶豫地回答是Margaret Howell。

Margaret Howell，是服裝設計師，一個品牌，我更認為，她是一種生活風格，也是一個理想女性的樣貌。

出生於一九四六年的Howell，今年七十四歲，若在網路上找她的照片，會看見她是灰白中長髮，戴眼鏡，穿著襯衫、T恤或羊毛衫，搭配寬鬆牛仔褲，腳下是球鞋或紳士皮鞋，一個非常書卷氣質的女士；可以想像她這樣的造型大概已經持續了好幾十年，她將穿基本款服裝的質感，發揮得細膩極致，讓我知道，未來當我到了她現在的年紀時，也可以這樣穿衣打扮，這是超越年齡與時間的一種適切得體。

或許這個英倫設計師的名字對不少人而言有點陌生，而其實早在九〇年代末，剛大學畢業的我就在天母高島屋百貨與她相遇了（換個角度想，二十多年前的台灣時尚風景並不如我們想像中遜色，我們不只有Margaret Howell，還有Joyce、小雅、中興百貨……只是，隨著時間，它們都已離開市場）。

當時青澀的我最想要的是Margaret Howell白襯衫，挺拔又柔軟優美，包裝在印著她黑色字體的棕色牛皮紙購物袋裡，之於新鮮人的我是夢幻逸品；白襯衫後，這個名字就在我的風格字典裡種下種子，多年來在旅途中尋找她的專賣店，在網路上流連欣賞每一季簡單美好的衣裳與廣告。

Margaret Howell在七〇年代中出道，出身自英倫白領家庭，藝術學院畢業的她，作品反映著的正是她本人的背景，濃濃書卷氣、聰明、文藝青年格

MARGARE
HOWELL

調。

在她的設計中，無論男裝女裝，條紋針織上衣、白色或格子襯衫、卡其風衣、略為寬鬆的紳士褲，都是每季必有的單品，再基本不過。

Margaret Howell之所以經典，之所以受到歐洲與日本粉絲長期擁護，關鍵就在那看起來舒服自然、但穿起來一點也不會過於休閒的高明剪裁，而她一貫柔軟溫潤的衣料，無論是蘇格蘭Harris毛呢或愛爾蘭亞麻，全出自設計師本人熱愛的天然材質與嚴格挑選。

她接受《Dezeen》雜誌採訪時說道，「我對製作總是比銷售更感興趣（more interested in making than selling），我的熱情在於，每一件衣服的製作方式與工藝，而不是秀場上的壯觀排場。」她也說，「我總是與服裝有種連結，它們是某些事情的回憶。」

回憶讓一切更有重量

Margaret Howell讓基本單品變得很有重量，讓我們知道一件優質基本款能陪我們走過歲月，這跟當今快時尚概念——基本款很便宜，但也隨時可淘汰換新——是背道而馳的；我喜歡也尊重Margaret Howell的「back to basic」穿著態度，只要質感、比例、線條對了，無須喧譁閃亮也能吸引目光。

我把穿著Margaret Howell的男生女生形容為「小清新」，無論年紀大小，他們都有著大學生般氣質，可能還會彈吉他或鋼琴，讓人覺得舒服，但也不至於太鄰家，或許有些許距離感但不會難相處，我身邊有幾個朋友，就是這個品牌的愛用者，他們就有這樣的氣質（正在讀這篇的一定知道我就是在說你們）。

當然，Margaret Howell本人就是自己品牌的最佳代言，她總是黑洋裝，格子襯衫、Converse一派淡然出現在鏡頭前；看著這樣可以稱做奶奶年紀的女人，那樣有年紀的美，讓我覺得面對年齡應該也無須太擔心，而生出變老的勇氣。

Margaret Howell重視生活品質，熱愛復古家具，對跟她一樣有「優質做工且歷久彌新」設計理念的品牌惺惺相惜；她與英國老牌木家具Ercol和工業風燈具Anglepoise合作（這兩個也是我好欣賞的品牌啊），將五〇、六〇年代、舊的復古的Ercol與Anglepoise放在專賣店裡，是陳列品也是商品，與她大地色調、內斂細緻的服裝相互襯托，組合出一幅詩意畫面；到後來，Anglepoise為她調配了三種色彩，赭色（sienna）、薩克森藍（saxon blue）與黃褐（yellow ochre），讓她的居家系列有了延伸。

Margaret Howell在日本大受歡迎，有超過一百家店，也經常有雜誌頁面與不少出版品；而若有機會，我會說一定要到倫敦Wigmore Street三十四號或Fulham Road一百一十一號的Margaret Howell旗艦店拜訪，前者改裝自老工廠，挑高且灑滿自然光，後者則得過商業空間建築獎項，皆出自長期與

Margaret Howell合作的英國建築師William Russell之手，那樣的空間感、與其他服裝店少有的閒適氣氛讓人如沐春風。

身處其中，或許你也會如我一樣，開始嚮往MH式的生活美學。

國家圖書館出版品預行編目（CIP）資料

戀物絮語：不只怦然心動，更要歷久彌新，生活裡的風格選集 / 許育華著.
-- 初版. -- 新北市：潮浪文化，2020.10
256面；14.8*21公分
ISBN 978-986-99488-0-7(平裝)

422.5　　109013062

日常之森 Forest 001
戀物絮語
不只怦然心動，更要歷久彌新，生活裡的風格選集

作　　者　許育華
主　　編　楊雅惠
封面設計　蔡南昇
視覺構成　蔡南昇、金彥良
校　　對　吳如惠、許育華、楊雅惠

社　　長　郭重興
發行人兼出版總監　曾大福
總 編 輯　楊雅惠
出版發行　遠足文化事業股份有限公司 潮浪文化
電子信箱　wavesbooks2020@gmail.com
粉 絲 團　www.facebook.com/wavesbooks
地　　址　23141新北市新店區民權路108-4號8樓
電　　話　02-22181417
傳　　真　02-22180727

法律顧問　華洋法律事務所 蘇文生律師
印　　刷　中原造像股份有限公司
出版日期　2020年10月
定　　價　350元